Das Buch

Warum muss man fürs Ketchup zu den Pommes extra zahlen, für den Senf zum Würstchen aber nicht? Wieso werden die Einkaufswagen im Supermarkt immer größer und die Kassen immer kleiner? Und weshalb darf man im Speisewagen nicht im Internet surfen? In seiner SPIEGEL-ONLINE-Kolumne »Warteschleife« geht Tom König den Dingen auf den Grund. Er erforscht, warum man sich mit Waffeleis nicht ins Eiscafé setzen darf, verrät, wie Callcenter wirklich funktionieren, und versucht rauszufinden, was in Glückstees genau drin ist. In diesem Buch erzählt er die allerbesten Geschichten von seiner Reise durch die Servicesahara – pointiert und mit viel Humor.

Und weil viele Unternehmen ihre Kunden nach Strich und Faden betuppen, zeigt er außerdem, wie sich Kunden gegen Gängelei wehren – und gibt praktische Tipps, was man selbst tun kann, wenn man übervorteilt wird.

Der Autor

Hinter der Figur des Kunden Tom König steckt der Autor und Journalist Tom Hillenbrand. Seine Kolumne »Warteschleife – Mein Leben als Kunde« gehört zu den meistgelesenen Formaten bei SPIEGEL ONLINE. Bis 2010 war er dort Ressortleiter. Tom Hillenbrand lebt in der Münchner Servicewüste.

Er ist Autor der kulinarischen Kriminalromane »Teufelsfrucht« (KiWi 1204) und »Rotes Gold« (KiWi 1262).

1293

TOM KÖNIG

ICH BIN EIN KUNDE, HOLT MICH HIER RAUS

Irrwitziges aus der Servicewelt

Kiepenheuer & Witsch

Mit Illustrationen von Greser & Lenz

MIX
Papier aus verantwor-
tungsvollen Quellen
FSC® C083411

Verlag Kiepenheuer & Witsch, FSC® N001512

1. Auflage 2012

Illustrationen: © Greser & Lenz
Umschlaggestaltung: Barbara Thoben, Köln
Umschlagmotiv: © bluedesign – Fotolia.com; Jonas Glaubitz – Fotolia.com
Gesetzt aus der Dante und der Myriad Pro
Satz: Buch-Werkstatt GmbH, Bad Aibling
Druck und Bindung: CPI – Clausen & Bosse, Leck
ISBN 978-3-462-04452-2

Inhalt

Handbuch für Serviceguerilleros
Der Kunde schlägt zurück

Nachwort

Mein Leben als Kunde

Seit wir (das sind meine Frau Tanja, unsere Kinder Anna und Toni sowie ich) von Hamburg nach München übergesiedelt sind, liegen meine Nerven blank. Schuld sind weder der Föhn noch die grantelnden Bayern – es ist sehr nett hier. Der Mensch Tom König ist angekommen.

Nur der Kunde König, der ist immer noch in Hamburg.

Da war zunächst die Stromgesellschaft. Bei Vertragsschluss hatte eine formlose E-Mail gereicht. Die Kündigung hingegen, so wurde mir beschieden, sei ausschließlich per Fax möglich. Wegen der Unterschrift. Ein Brief schied ebenfalls aus, weil das Unternehmen es peinlichst vermied, irgendwo seine Anschrift anzugeben.

Weil wir kein Faxgerät besitzen, versuchte Tanja es vom Büro aus. Doch die Leitung war besetzt. Immer. Stündlich legte sie das Kündigungsschreiben neu ein, ging morgens um sieben Uhr zur Arbeit, um ein Sendeloch zu erwischen. Irgendwann gaben wir auf. Ich habe zwei Handys; warum nicht auch zwei Stromverträge?

Umziehen heißt Ballast abwerfen. Deshalb beschloss ich,

endlich die ebenso teure wie tüdelige Tante Telekom los-
zuwerden. Ein Konkurrenzanbieter versprach mir rasan-
tes Internet, 70 Fernsehkanäle und Festnetz satt, für 19,90
Euro. »Sie sind im Ausbaugebiet«, säuselte mir die Callcenterdame ins Ohr. »Zwei Tage, dann läuft alles. Höchstens.«

Nach Fertigstellung dieses Vorworts werde ich zu McDonald's fahren. Nicht, weil ich deren Mampf mag, sondern
weil ich meinen Text an die Redaktion mailen muss. Bei
Ronald McDonald darf man eine Stunde umsonst surfen.
Ich bin daher seit Wochen Stammgast.

Es ist zum Verzweifeln. Ich habe mein Leben im Griff –
als Vater, Ehemann und Redakteur komme ich zurecht.
Nur als Konsument bin ich völlig überfordert. Beziehungs-
krisen, Probleme auf der Arbeit: alles Killefitz gegen den
Frust und Stress als Kunde.

Angeblich leben wir im Zeitalter des ungehemmten
Konsumerismus. Der Kapitalismus hat gewonnen, und zur
Belohnung dürfen wir alle shoppen, bis wir blau anlaufen.

Aber warum ist dann für Kunde König nie jemand zu erreichen? Wieso muss ich im Callcenter dieser turbokapita-
listischen Superkonzerne genauso lange warten wie einst
im DDR-Konsum? Warum liefert niemand bestellte Ware
pünktlich aus? Warum, verdammt, fällt es Unternehmen
so schwer, ein kleines bisschen Service zu bieten?

Ohne TV und Web hatte ich in den vergangenen Tagen ausreichend Zeit, über diese Frage zu meditieren. So
hört denn: Drei Dinge sind es, die unser Kundenleben zum
Hundeleben machen.

Das erste ist die Gedankenlosigkeit. Firmen konzen-
trieren sich darauf, Produkte herzustellen. Der Rest ist
Nebensache. Selbstkritik ist ja eine Zier, deshalb dazu
ein Beispiel aus dem eigenen Unternehmen. Bei einer

SPIEGEL-ONLINE-Aktion konnten die Leser per Web-Eingabemaske teilnehmen. Wenn sie keinen Nachnamen eintrugen, setzte die Software diesen Wert auf Zero. Die Bestätigungsmail begann dann so:

»Liebe Null!«

Das war kein böser Wille, sondern Gedankenlosigkeit. Niemand war auf die Idee gekommen, dass die Mailmaske automatisch den Nachnamen ausfüllen könnte – vermutlich, weil es am Hindukusch gerade kokelte oder ein EU-Staat pleite war. An dieser Stelle deshalb nochmals: Entschuldigung!

Der zweite Grund: Servicekräfte werden erbärmlich schlecht bezahlt. Die Geiz-ist-geil-Mentalität vieler Kunden führt nicht nur dazu, dass Arbeiter in China unter menschenunwürdigen Bedingungen Unterhaltungselektronik zusammenschrauben müssen. Sie resultiert auch in Deutschland darin, dass Menschen im Dienstleistungsgewerbe für teils äußerst niedrige Gehälter arbeiten müssen. Nach Angaben der Gewerkschaft DPV bekommen viele Callcenteragenten 6,50 bis 8,50 Euro die Stunde. Was will, was darf man da erwarten? Vermutlich nicht allzu viel. Diesen Umstand sollte man, bei allem Ärger über miesen Service, nicht aus den Augen verlieren. Dennoch scheint mir der dritte und wichtigste Grund für die Service-Sahara zu sein, dass viele Firmen Konsumenten schlichtweg für lästige Zecken halten. Ihre Philosophie lautet: Kunden sind dumm und frech. Dumm, weil sie unser Produkt kaufen. Und frech, weil sie dann auch noch Service wollen.

Dieser hässlichen Haltung folgend tun solche Unternehmen alles, um jedwede Kontaktaufnahme unmöglich zu machen und ihre Vertragspartner zu betrügen, wo es nur geht. Sie verkaufen Produkte, die gar nicht lieferbar sind, ignorieren Kündigungen, lassen unbescholtene Bürger ganz bewusst im Callcenterlabyrinth verenden.

Wie mich. Die McDonald's-Diät bekommt meiner Figur nicht, und so würde ich gerne wissen, wann mein Internet denn jetzt kommt. Die fränkische Frauenstimme am anderen Ende versichert mir zum wohl dreißigsten Mal, dass »derr näggste frreie Blatz fürr Sie rreserviert ist«.

Ich brülle etwas Unflätiges in mein Handy, lege auf und sichte die Post. Es ist gerade ein beachtlicher Stapel gekommen, darunter etliche Hochglanz-Werbeschreiben von Firmen, die Praxisbedarf und Medikamente feilbieten. Verwundert schaue ich auf ein Adressetikett: »Dr. med. Tom König« steht da. Ich bin doch Politologe und kein Mediziner?

Mir dämmert etwas.

Ich laufe zum Aktenschrank und krame das Bestätigungsschreiben meines DSL-Nichtanbieters hervor. Die Halunken haben meine Daten falsch aufgenommen und aus meinem Dipl.-Soz.-Wiss. einen promovierten Mediziner gemacht. Und die wertvolle Adresse umgehend weiterverscherbelt.

Statt im Internet zu surfen, blättere ich nun in einem Katalog für Zahnarztbedarf. Mein Leben als Kunde ist ganz schön anstrengend.

Ihr Anruf ist uns nichtig

Als ich vor dem Münchner Apple Store unlängst eine lange Schlange erblickte, da wurde mir weh ums Herz. Die neuen Pads oder Pods, die es dort gab, interessierten mich zwar nicht. Aber ich wäre auch gerne mal wieder in der Schlange gestanden.

Schlange stehen, was für ein tolles Erlebnis das war! Die Vorfreude, die Gemeinschaft – und das Ziel immer fest im Blick.

Wegen des technischen Fortschritts ist damit Schluss. Stattdessen hocken wir nun stundenlang alleine in unserer Wohnung und warten darauf, dass uns die Callcenteragentin endlich drannimmt.

Beim Schlangestehen war man wenigstens an der frischen Luft. Callcenter hingegen sind die Vorhölle des Kapitalismus. Beim ersten Mal geht es noch fix, weil es für Neukunden eine Extrahotline gibt, die nach den althergebrachten Prinzipien der Telefonie funktioniert: Man wählt eine Nummer, und jemand hebt ab.

Wer bereits Kunde ist, der muss sich hingegen den Hörer an die Backe drücken, bis er ohnmächtig wird. Und sich schlechter behandeln lassen als damals bei der Bundespost. Meine Theorie ist, dass all die Grantler und Sonderlinge, die inzwischen nicht einmal mehr Briefmarken am Schalter verkaufen dürfen, in Callcentern eine neue Heimat gefunden haben. Oder würden normale Menschen so miteinander sprechen?

Ich: Guten Morgen!
Callcenterroboter: Das Gespräch wird abgehört!
Ich: Was? Aber warum? Ich habe mir nichts zuschulden …
Callcenterroboter: Nur zu Trainingszwecken.
Ich: Wer wird denn trainiert? Der Kunde?
Callcenterroboter: Sie haben nichts gegen die Maßnahme, oder? Was zu verbergen?
Ich: Nein, aber könnten wir jetzt zu meinem Anliegen …
Callcenterroboter: Kaum. Die Wartezeit beträgt derzeit 37 Minuten. Und übrigens …
Ich: Was?
Callcenterroboter: Ihr Anruf ist uns wichtig.

Schlimmer als miese Manieren ist freilich das Gedudel. Callcentermusik ist stets zu laut und kommt in einer von zwei Ausprägungen daher: Gut gelaunter Jazz, wie man ihn samstags in Einkaufszentren hören kann, oder im Falsett vorgetragener Plastiktechno.

Als ich unlängst bei Air Berlin in der Warteschleife hing, lief mir angesichts des Elektrobimmbumms fast das Blut aus dem Gehörgang. Wie ich später herausfand, ist der ak-

tuelle Song jedoch eine erhebliche Verbesserung gegenüber jenem Schlager, mit dem die Fluggesellschaft Bittstel-
ler früher quälte:

»Flugzeuge im Bauch / im Blut Kerosin / die Nase im
Wind / und den Kunden im Siiinnn.«

Da ahnt man, warum an jedem Sitzplatz Kotztüten hängen. Zweck der Musikschleife ist es übrigens nicht, den
Kunden zu unterhalten. Sondern ihn zur Aufgabe zu zwingen oder zumindest so windelweich zu trällern, dass er
sich in sein Schicksal fügt.

Haben in der Geschichte jemals so viele Menschen so
lange schlechter Musik lauschen müssen wie heute? Kaum
vorstellbar. Und dennoch: Auch das Callcenter hat ein his-
torisches Vorbild. Es ist dem altchinesischen Petitionssys-
tem der Ming-Dynastie nicht unähnlich. Damals konnte jeder noch so unbedeutende Untertan nach Peking pilgern,
um am kaiserlichen Hof sein Anliegen vorzubringen.

Da kniete man dann wegen seiner ungerechten Reisfeld-
Parzellierung zunächst ein paar Wochen vor der Verbote-
nen Stadt herum und musste sich derweil von fliegenden
Händlern beschwatzen lassen.

Ob es Musik gab, ist nicht überliefert, aber Klappe halten
war Pflicht. Wenn man trotzdem mit jemandem sprach,
wurde das von einem Agenten des kaiserlichen Geheim-
diensts mitgeschrieben, zu Trainingszwecken.

Irgendwann bequemte sich dann ein übel gelaunter In-
bound-Mandarin, einem die Prüfung des vorgebrachten
Anliegens in Aussicht zu stellen.

Vermutlich verneigte er sich dabei, die Hände in seine
Robe gefaltet, und sagte lächelnd: »Ihre Petition ist dem
Kaiser wichtig. Der nächste freie Audienztermin ist für Sie
reserviert.«

Lexikon: Callcenter-Deutsch

»Wir verbinden Sie sofort mit einem
Kundenberater.«

Wir verbinden dich sofort mit unserer Warteschleife. Das war's dann aber auch.
Und jetzt: Musik!

»Ihr Anruf ist uns wichtig.«

Wenn uns dein Anruf wichtig wäre,
wären wir ja wohl rangegangen.

»Die aktuelle Wartezeit beträgt sechs Minuten.«

Woher sollen wir denn wissen, wie lange du
warten musst? Das hängt davon ab, wie viele
Leute aus heiterem Himmel hier anrufen. Und
davon, wer gerade alles für kleine Agenten muss.

»Der nächste freie Mitarbeiter ist für Sie reserviert.«

Reserviert? Wir sind hier doch nicht
im Sternerestaurant. Der nächste freie
Mitarbeiter bedient die Neukunden.
Dann kommen all jene dran, deren
Postleitzahl laut unserer Datenbank
eine bessere Bonität hat als du. Und dann
irgendwann bist du dran. Vielleicht.

»Unsere Servicemitarbeiter befinden
sich alle im Gespräch.«

> Das stimmt. Sie rauchen eine und sprechen
> über das Bayern-Spiel von gestern Abend.
> Das Tor von Gomez – der Wahnsinn, oder?

»Zurzeit dauert es etwas länger,
weil sehr viele Kunden anrufen.«

> Denk mal nach: Normalerweise belügen wir
> dich von vorne bis hinten und behaupten, du
> hättest eine reelle Chance, hier irgendwann
> mit irgendwem zu sprechen. Wenn wir –
> wir! – schon zugeben, dass es heute
> schwierig wird, dann solltest du lieber auflegen.

»Gespräche werden zu Trainingszwecken
aufgezeichnet.«

> Unsere Fünf-Euro-Mitarbeiter werden
> terrorisiert, durch lückenlose Überwachung.
> Außerdem sollte dir jetzt klar sein, dass es keinen
> Sinn hat, hier laut zu werden, nur weil du schon
> seit zwei Stunden wartest. Wir verwenden die
> Aufnahme sonst später gegen dich.

Mach mal Pause

Mit König Kunde zu kommunizieren, ich gebe es ja zu, ist nicht immer ganz einfach. Denn seinen Kunden will man nicht wehtun. Aber Wahrheit tut leider weh. Dieser unauflösbare Widerspruch führt dazu, dass uns Servicekräfte lächelnd anflunkern.

Das muss nicht sein. Neulich beim Herrenausstatter erklärte ich dem Verkäufer, ich hätte stets Anzuggröße 48 gehabt. Er musterte mich kurz, kicherte und sagte: »Jetzt nicht mehr.«

Das tat weh, war aber erfrischend ehrlich. Und es ersparte mir die entwürdigende Prozedur, mich in aller Öffentlichkeit in ein zwei Nummern zu kleines Jackett zu zwängen. Derlei Wahrhaftigkeit tut gut. Bei vielen Unternehmen aber macht sich in letzter Zeit eine Form von Ehrlichkeit breit, die nicht erfrischend ist. Sondern schamlos und unverfroren.

Beispiel gefällig? Als ich zum Stromanbieter 123energie wechseln wollte, bekam ich von deren Service-Center folgende Mail:

»Zurzeit verzeichnen wir einen ungewöhnlich hohen Eingang an Kundenanfragen. Die Beantwortungszeiten sind daher ungewöhnlich lange.« Die Beantwortung könne »bis zu zehn Werktage dauern«.

Tatsächlich dauerte sie 33 Tage. Ungewöhnlich! Aber davon mal abgesehen: Einem Kunden eine derartige Mail zu schicken, ist bedingungslose Kapitulation und Offenbarungseid in einem. Man fragt sich unwillkürlich, was das Unternehmen damit eigentlich sagen will. Vielleicht das hier?

»Weil unsere Absatzplanung von lobotomierten BWL-Abbrechern gemacht wird, hat uns der Andrang kalt erwischt. Der Umstand, dass wir nicht einmal Ihren Neukundenvertrag zügig durchwinken können, sollte Ihnen deutlich machen, was für ein Chaos bei uns herrscht. Wenden Sie sich besser mit Grausen ab, bevor es zu spät ist.«

Vor der Postfiliale stehe ich mitunter dämlich glotzend vor einem Schild mit der Aufschrift »Betriebsversammlung. Heute ganztägig geschlossen«. Okay, es ist nur ein Tag, denke ich dann. Sich aber gleich wochenlang tot zu stellen, so wie es 123energie tut – das wäre sogar sowjetischen Schalterbeamten peinlich gewesen.

Man kann sich natürlich fragen, ob ein ostentativ verrammelter Serviceschalter nicht immer noch besser ist als eine endlose Telefon-Warteschleife. Viele Unternehmen scheinen die letztere Variante zu bevorzugen, weil sie dazu führt, dass man, siehe oben, die unangenehme Wahrheit nicht aussprechen muss: »Sorry, wir kriegen's nicht hin.«

Diese Woche habe ich von morgens bis abends getippt, die Nachrichtenlage war mörderisch. Ich erwog, einen neuen Spruch auf den Anrufbeantworter zu sprechen:

»Hallo, hier Tom König. Wegen der angespannten Sicherheitslage in Nordafrika und dem Regime Change in Ägypten kann Ihre Anfrage erst in zwei Monaten bearbeitet werden.«

Aber ich traute mich nicht. Der eine oder andere Ressortleiter, mit dem ich Geschäfte mache, könnte das in den falschen Hals bekommen. Da verstehen die keinen Spaß.

Vielleicht deshalb bin ich zutiefst beeindruckt von dem Unternehmen TelDaFax, bei dem ich vor einiger Zeit vorstellig werden musste. Das sind nicht solche Hasenfüße wie ich. Die haben es raus, wirklich sämtliche Schotten dicht zu machen. Am Servicetelefon sagte mir eine Tonbandstimme, es gebe »zunächst eine erfreuliche Nachricht«. Wegen des brummenden Neukundengeschäfts sei man total überlastet. Telefonisch keine Chance. Ich möge mein Anliegen doch per E-Mail schicken.

Ich tat's – und erhielt prompt Antwort:

> »Anfragen unserer Kunden sind uns sehr wichtig. Aktuell haben wir leider eine verzögerte Bearbeitung, da wir aufgrund unserer kostengünstigen Angebote allein in den letzten zwei Monaten über 80 000 neue Kunden begrüßen konnten. In Einzelfällen kann eine Bearbeitung daher bis zu 15 Werktage in Anspruch nehmen.«

Der TelDaFax-Pressesprecher immerhin war zu erreichen. Schuld an der Misere sind ihm zufolge die Journalisten, genauer gesagt »eine Medienkampagne, in deren Mittelpunkt unser Unternehmen stand und steht«.

Mehrere Zeitungen hatten über die gravierenden Serviceprobleme berichtet – und machten damit, wie der Sprecher erklärt, alles nur noch schlimmer. Jetzt riefen noch mehr Leute an. »Eine never ending story«.

So eine Antiservicehaltung kann auf Dauer nicht gut gehen, und die Story endete dann doch schneller als erwartet: Wenige Wochen nach unserem Gespräch meldete TelDaFax Insolvenz an.

Hey Doc, ich hab Warteritis

Die Tür der Augenarzt-Praxis ist blockiert – als ich mich dagegenlehne, um sie doch noch aufzubekommen, stoße ich gegen etwas. Es ist der Mann, der dahinter wartet. Vor ihm befinden sich noch sechs weitere Patienten. Auch sie warten, und zwar darauf, an der Anmeldung ihr Kärtchen vorlegen zu dürfen. Erst wenn das erledigt ist, dürfen sie sich hinsetzen.

Um dann noch ein bisschen weiterzuwarten.

Wenn jemand Arztbesuch sagt, denke ich nicht zuerst an Heilung. Genauso wenig fallen mir weiße Kittel oder Ibuprofen 400 ein. Sondern jene zeitverschlingenden Präliminarien, mit denen ein Gang zum Doktor gemeinhin verbunden ist. Arztbesuch ist ein Synonym für Warten, war es immer schon, solange ich denken kann.

Bis ich es zur Anmeldung geschafft habe, vergehen fast 30 Minuten. Die Arzthelferin mustert mich tadelnd: »Ihr Termin war schon vor einer halben Stunde.«

»Ich bin ja schon fast eine halbe Stunde hier.«

Statt auf diesen Einwand einzugehen, sagt sie: »Das kann jetzt dann etwas dauern. Gehen Sie bitte durch.«

Ich schleiche ins proppenvolle Wartezimmer und zwänge mich zwischen einen dauerhustenden Opa und eine Mutter mit wimmerndem Kind. Ist Ihnen schon einmal aufgefallen, dass Ärzte die einzige Berufsgruppe sind, bei der es für die Warterei spezielle Räumlichkeiten gibt?

Sobald der Patient das Wartezimmer betritt, erlischt übrigens das von der Sprechstundenhilfe gegebene Terminversprechen. Nun ist er nämlich in der Hand der Ärzte, die Pünktlichkeit ähnlich viel Bedeutung beimessen wie Politiker einem Wahlversprechen. Aufgrund eines seltsamen psychologischen Prozesses rebellieren Patienten jedoch fast nie gegen die Warteritis. Sie fügen sich stattdessen klaglos in ihr Schicksal und studieren stundenlang die ausliegenden Illustrierten. Damit niemand aufmuckt, legen viele Ärzte speziell für das Wartezimmer entwickelte Magazine mit stark sedierender Wirkung aus: »Das Goldene Blatt«, »Frau im Spiegel« und »Die Zeit«.

Nach anderthalb Stunden frage ich aber doch mal nach, wann ich drankomme. »Sie sehen doch, wie voll es ist«, entgegnet die Sprechstundenhilfe ungehalten. Sie ist schwer zu verstehen, weil im Hintergrund mehrere Telefone ununterbrochen klingeln und ein Patient im Businessanzug lautstark herumzetert. »Wir haben heute viele Notfälle.«

Notfälle? Beim Augenarzt? Gab es einen Chemieunfall in der benachbarten Säurefabrik? Oder treibt irgendwo ein heimtückischer Brillendieb sein Unwesen? Sicherlich gibt es Fachrichtungen, bei denen Notfälle an der Tagesordnung sind, Orthopäden vielleicht. Aber selbst dort gilt, dass die üblen Fälle im Krankenhaus landen. Warum also ist es so schwierig, die Termine für 20 oder 30 Patienten pro Tag zu planen?

Das Problem sind, befürchte ich, die Ärzte selbst. Ich kenne privat etliche von ihnen, und sie erinnern mich an Journalisten. Beiden Professionen ist ein fast unheimlicher Idealismus gemein, gepaart mit weitgehendem Desinteresse an allem, was nicht zu ihrer Kernaufgabe gehört. Chirurgen wollen nur operieren, Journalisten nur schreiben – zur Hölle mit allem anderen.

Viele Ärzte haben ein paar Jahre im Krankenhaus gearbeitet. Dort wird kein Aspirin verschrieben; dort werden

Leben gerettet. Die Mediziner haben im Hospital verinner-
licht, dass man nichts planen kann. Man weiß nie, wann
der nächste Notfall reinkommt. Warum sich also einen
Kopf wegen Terminplänen machen? Sind ohnehin sinnlos
und fallen beim ersten Feindkontakt auseinander.

Mit dieser in der Notaufnahme durchaus nachvollzieh-
baren Ad-hoc-Attitüde sitzen viele Ärzte nun in ihrer Praxis, und das Desaster nimmt seinen Lauf. Denn im Geiste
sind sie immer noch Assistenzärzte in wehenden Kitteln,
auf dem Weg zum nächsten heroischen Einsatz. Sie kümmern sich weiterhin nicht um diesen ganzen Planungs-
kram, weil er unter ihrer Würde ist. Sie verstehen sich als
Macher, ihr Leben ist ein einziger Notfall.

Apropos Notfall: Einige Wochen später bin ich selbst einer. Das zumindest ist meine Einschätzung, weil mir nach
einem zu ausgiebigen Lauftraining seit zwei Wochen die
Achillessehne wehtut. Ich rufe bei meiner Orthopädin an
und schaffe es nach nur 15 Minuten Warteschleife, zur
Sprechstundenhilfe durchzudringen.

»Privat oder Kasse?«, fragt sie.

»Kasse.«

»Tja, da habe ich erst in sechs Wochen was.«

»Ist aber ein Notfall!«

»Haben Sie nicht gerade gesagt, die Sehne tut schon seit
zwei Wochen weh?«

»Äh, ja und?«

»Dann ist das chronisch. Da müssen sie einen regulären
Termin machen.«

Ich überrede sie dann doch, mich als Notfall »ohne Termin zwischenzunehmen«. Eine Stunde sitze ich im Wartezimmer. Keine schlechte Zeit, denke ich mir. Beim Augenarzt hat es mit Termin mehr als doppelt so lange gedauert.

Kasse machen mit Düdeldü

Die Welt ist eine Scheibe. Ob bei Telefonanschluss, Pauschalurlaub oder Sonntagsbrunch: Die Flat, sie ist fast überall.

Außer in der Warteschleife. Dort zahlen wir im Minutentakt.

0180er-Nummern sind seltsamerweise nie Teil der Pauschaltarife geworden. Und während alle anderen Kommunikationsdienste billiger wurden, haben sich Servicenummern immer weiter verteuert.

Wieso eigentlich?

Weil ein paar Leute damit einen Reibach machen, natürlich. Das betriebswirtschaftliche Grundprinzip der Warteschleife lautet nämlich, dass Kunden hinzuhalten ein Heidengeschäft ist.

Vereinfacht stellt sich der Sachverhalt in etwa so dar: Ein Callcenterbetreiber besorgt sich eine 01805-Nummer. Anrufer müssen 14 Cent pro Minute berappen. Die kassiert die Telefongesellschaft, schüttet aber bis zu acht Cent davon an das Callcenter aus, als sogenannten Werbekostenzuschuss. Salopp gesagt teilen die beiden sich den Umsatz.

Das Callcenter schaltet nun 100 Leitungen und heuert zehn Telefonisten an. Weil diese Agenten logischerweise nur ein Gespräch zur Zeit führen können, hängen die Kunden in 90 der 100 Leitungen stets in der Warteschleife. Aber das ist, wie wir gleich sehen werden, durchaus gewollt und Teil des Geschäftsprinzips.

Die zehn Agenten arbeiten je zwölf Stunden am Tag, insgesamt also 120 Mannstunden. Bei 13 Euro (Stundenlohn plus Personalnebenkosten wie Krankenversicherung) macht das täglich 1560 Euro Personalkosten. Nehmen wir ferner an, die Leitungen seien während der Betriebszeit zehn Stunden lang ausgelastet. Macht bei 100 Leitungen 1000 Stunden. Das entspricht 60 000 Minuten – von denen jede acht Cent einbringt. Jede Leitung, jedes Telefon, bei dem niemand rangeht, ist also bares Geld. Aufgrund dieser Annahmen läge der Tagesumsatz unseres Callcenters bei 4800 Euro. Mit Personalkosten von 1560 Euro ist das ein Bombengeschäft für den Betreiber, für die Telefonfirma sowieso. Nur der Kunde zahlt. Und wartet, bis er schwarz wird.

Ein bisschen Hoffnung auf Besserung gibt es, denn das neue Telekommunikationsgesetz (TKG) sieht kostenlose Warteschleifen vor.

Als Warteschleife gilt in Zukunft »jede Vorrichtung, über die Anrufe aufrechterhalten werden, ohne dass das Anliegen des Anrufers bearbeitet wird«. Das neue TKG stellt somit die Anreizstruktur auf den Kopf. Wartende Kunden sind plötzlich keine Melkkühe mehr, sondern Kostenfaktoren. Das könnte der Servicebranche Beine machen.

Doch wer sich nun freut, tut dies möglicherweise zu früh. Denn leider hat das Wirtschaftsministerium in das Gesetz ein paar Schlupflöcher eingebaut:

- Kostenlos wird die Warteschleife lediglich bei Sonderrufnummern (0180x). Nummern im Ortsnetz oder Mobilfunknetz bleiben für den Anrufer kostenpflichtig.
- Für das eigentliche Beratungsgespräch kann der Anbieter per Sondernummer (0900) eine frei wählbare Gebühr verlangen. Hier wird manch einer zulangen.
- Wer Kunden durch vollautomatisierte Menüs schleust,

darf weiterhin im Minutentakt abkassieren. Denn diese Programme gelten nicht als Warteschleife.

Was wird passieren? Einige Experten prophezeien, man werde bald des Öfteren ein schnödes Besetztzeichen hören, weil keine Firma für wartende Kunden zahlen will. Realistischer erscheint mir, dass viele ihre Warteschleifen durch automatisierte Service-Menüs ersetzen werden. Der Begriff Service ist natürlich irreführend. Ziel wird es sein, uns weiter möglichst lange hinzuhalten.

Ich stelle mir das so vor: Callcenterroboter werden sich – nach äußerst wortreicher Begrüßung – zunächst Name und Anschrift buchstabieren lassen. Danach fragen sie die Schuhgröße aller Familienmitglieder und Anverwandten ab.

Fragen stellt das Self-Service-System betont langsam. Es wird klingen wie eine alte Single auf 33 Umdrehungen. Und nach jeder Eingabe wird die Robo-Stimme sagen: »Können ... Siiieee ... daaaas ... bitteee ... wiiiederhoooolen?«

Ferner werden die sprachgeführten Menüs der Zukunft so unfassbar verschachtelt sein, dass sich darin selbst der Minotaurus von Knossos verirren würde. Jede Fehleingabe wird mit »Zurück auf Los« bestraft: »Sie befinden sich wieder im Hauptmenü. Bitte nennen Sie nochmals Ihren Namen, das Alter Ihrer Taufpaten und die Blutwerte Ihrer Oma.«

Das wird noch nervenaufreibender als heute, weil man während des kostenpflichtigen Wartens nun auch noch dämliche Fragen gestellt bekommt. Also notieren Sie sich lieber schon einmal die Schuhgrößen aller Familienmitglieder.

Auf der Suche nach der verlorenen Zeit

Wie viele Stunden waren es diese Woche? Beim Arzt, auf der Post, im Café? Durch schlechten Service verursachte Wartezeiten rechne ich für gewöhnlich nicht hoch, deshalb kenne ich die genaue Zahl nicht. Ich durchleide sie einfach, diese Minuten, die sich wie Stunden anfühlen – den Kopf gesenkt, die Fäuste geballt, während mein Leben an mir vorüberzieht.

Zu theatralisch? Vielleicht, vielleicht auch nicht. Die verlorene Zeit kann man schließlich nie wieder reinholen. Der Musiker Henry Rollins hat Menschen, die ihm Zeit stehlen, einmal als Mörder bezeichnet. Zeitdiebe saugten eine limitierte Ressource ab, und das, findet der Künstler, sei Mord. Kein Mord ersten Grades, aber »Mord millionsten Grades. Wie wenn man mit einem ganz winzigen Messer gepikst wird.«

Nachdem ich gestern fast drei Stunden auf den Paketdienst gewartet habe, neige ich dazu, Mister Rollins zuzustimmen.

An manchen Tagen läuft dafür alles wie am Schnürchen. Wartet man also wirklich so viel, wie man glaubt? Das Softwareunternehmen TOA hat kürzlich in einer Studie versucht, die Warterei in Deutschland zu quantifizieren. Demnach harrte 2010 fast die Hälfte aller Deutschen 2,7 Mal im Jahr irgendeines Dienstleisters. Die durchschnittliche Wartedauer betrug dabei jeweils sechs Stunden.

Aufsummiert wären das 16,2 Stunden im Jahr. Das erscheint mir sehr wenig. Es könnte an der Methodik liegen: Die beauftragten Marktforscher von IBOPE Zogby kon-

zentrierten sich nämlich auf jene Dienstleister, die ihre
Kunden zu Hause heimsuchen (oder eben nicht): Telekom-
Monteure, Gasableser, Möbelpacker. Würde man Ärzte,
Kellner und Briefmarkenverkäufer dazu nehmen, wäre die
Zahl verplemperter Stunden wohl deutlich höher.

Die Studie hat zudem untersucht, wie Kunden auf Ser-
viceverzögerungen reagieren. Jedes Unternehmen, das
meint, auf ein Viertelstündchen komme es nicht an, sollte
sich die Ergebnisse zu Gemüte führen. Bereits bei 15 Minuten Verspätung halbiert sich die Zahl der Kunden, die
sich selbst als »zufrieden« bezeichnen. Nach einer halben
Stunde tragen bereits 75 Prozent eine Hasskappe. Platzte
ein Termin, gaben 40 Prozent der Befragten an, sie würden
»nie wieder« etwas bei dem fraglichen Dienstleister kaufen.

Die miesesten Noten in Sachen Pünktlichkeit bekamen
die Techniker von DSL-Anbietern, dicht gefolgt von Kabel-
installateuren. Bei Internetdienstleistungen war die durchschnittliche Wartezeit 191 Prozent länger, als die Kunden
kalkuliert hatten. Diese repräsentativen Ergebnisse decken
sich übrigens mit den unrepräsentativen Eindrücken, die
ich aus Tausenden SPIEGEL-ONLINE-Lesermails gewonnen habe: Nichts bringt Menschen so sehr auf die Palme
wie Lieferanten, die nicht auftauchen.

Lange Wartezeiten sind der TOA-Studie zufolge in vie-
len Branchen der häufigste Grund, den Anbieter zu wech-
seln; nur bei Strom und Gas nannten die Befragten zu hohe
Preise als wichtigstes Wechselmotiv. Bei DSL, Telefon,
Möbelbestellungen oder auch Pflegediensten ist hingegen
Schlendrian der Kündigungsgrund Nummer eins.

Kunde König fände es schön, wenn sich Unternehmen
derartige Studien zu Herzen nähmen. Viele wählen jedoch

einen anderen Weg: Sie geben ihren Kunden bei Terminabsprachen stattdessen Zeitfenster von der Größe eines Kirchenportals vor.

Als ich vor einiger Zeit eine Lieferung des Paketversenders Hermes verpasst hatte und die erneute Zustellung auf den Vormittag terminieren wollte, erklärte mir der Disponent, mein Paket komme dann zwischen 7 und 14 Uhr. Auf meinen Einwand, 14 Uhr sei doch nicht mehr Vormittag, antwortete er: »Bei uns schon.« Ein Versuch, bei der Hermes-Pressestelle mehr über dieses eigenwillige Zeitverständnis zu erfahren, verlief im Sande.

Einen halben Tag für solche Götterboten zu vergeuden, das nervt, aber manche Hermes-Konkurrenten setzen noch einen drauf: Bei DPD gibt es lediglich eine verfügbare Terminoption: 8 bis 18 Uhr. Raffiniert – Verspätungen sind so fast nicht mehr möglich.

Kinder in der Warteschleife

Das ist bereits die vierzehnte. Oder die fünfzehnte? Mein Sohn Toni braucht einen Kindergartenplatz, und die sind schwerer zu finden als preiswerte Altbauwohnungen in Schwabing. Und so klappere ich eine Einrichtung nach der anderen ab. Diese hier heißt »Wilde 13«, wie bereits zwei vor ihr. Der Name ist bei Kitas anscheinend so häufig wie »Akropolis« bei griechischen Restaurants.

Ich gehe hinein, durch eine Glastür, hinter der ein bedröppelt aussehender kleiner Junge hockt und nach draußen starrt. Vor dem Büro sitzen bereits zehn weitere Interessenten. Die Leiterin stellt sich als Anita vor. Sie trägt einen braunen Wollpulli sowie Holzschmuck und lächelt uns kühl zu. »Ich zeige Ihnen zunächst unsere Räumlichkeiten.«

Es geht durch Garten, Kuschelecke und Küche. Sie erzählt uns, dass man in der »Wilden 13« Wert auf Full-Immersion-Sprachunterricht lege und eine spezielle Variante des Montessorikonzepts verwende, die sie eingehend erläutert. Die Erwachsenen, die hinter Anita hertrotten, schauen desinteressiert. Auch ich habe bereits auf Durchzug geschaltet. Das liegt nicht daran, dass mir wurscht wäre, wo mein Sohn seinen Tag verbringt. Aber ich habe so ähnliche Vorträge bereits vierzehnmal gehört und kenne die gängigen Pädagogikkonzepte inzwischen auswendig.

Außerdem: Ob Montessori, Reggio oder Waldorf – das ist inzwischen eine zweitrangige Frage. Wichtiger ist es, überhaupt eine Betreuungsmöglichkeit für Toni zu finden. Denn mit unserem Umzug zum Jahresende haben wir gegen eine Grundregel des Kitabetriebs verstoßen, die da lautet: Plätze gibt's nur einmal im Jahr. Die Anfragen verlaufen deshalb alle gleich:

> Ich: »Wir brauchen ab Dezember einen Platz für unseren vierjährigen Sohn.«
> Kita: »Füllen Sie das Formular aus.«
> Ich: »Wie viele Leute stehen denn auf Ihrer Warteliste?«
> Kita: »Kann ich nicht genau sagen, aber bestimmt 200.«
> Ich: »Und dauert es lange, bis ich eine Rückmeldung bekomme?«
> Kita: »I wo. Nach Ostern bekommen Sie Bescheid.«

Ostern? Es ist Dezember! Fünf Monate kann man als Berufstätiger natürlich nicht warten – zumal ja keineswegs sicher ist, dass dann ein Platz frei ist. Folglich interessiert mich an Anitas Vortrag eigentlich nur eins: das Aufnahmeprozedere. Die »13« ist eine private Einrichtung, 200 Euro teurer als die städtischen. Und so hoffe ich, dass es hier vielleicht einen Hauch von Kundenservice gibt.

Nach der Führung drängeln wir uns ins Büro. Anita verteilt Formulare. »Die füllen Sie bei Interesse bitte aus. Ganz wichtig ist, dass wir von Ihnen noch einen Lebenslauf bekommen und Sie die Rückmeldebögen stets rechtzeitig zurückschicken.«

Rückmeldebögen sind einer der bizarren Auswüchse des Kita-Notstands. Weil es zu wenig Plätze gibt und der Zeitraum von Bewerbung bis Zusage viele Monate, mitunter gar Jahre dauern kann, melden die meisten Eltern ihre Kinder bei zehn oder gar 20 Einrichtungen an, es ist das

So geht's doch auch

Äquivalent von Hamsterkäufen. In regelmäßigen Abständen müssen sie sich bei den Kitas schriftlich melden, um zu dokumentieren, dass sie weiterhin Interesse an einem Platz haben. Ansonsten fliegt die Phantombewerbung in den Papierkorb. Eine Freundin von mir hat insgesamt 30 solcher Bögen, die sie regelmäßig an Einrichtungen schickt, bei denen sie ihre Tochter angemeldet hat.

Kita-Anita erzählt inzwischen, dass die »Wilde 13« von Eltern eine finanzielle Einlage erwarte, ein Darlehen, das den Kapitalstock der Einrichtung aufbessern soll. 500 Euro sind das Minimum. »Sie dürfen auch gerne mehr einzahlen, die Verzinsung ist attraktiv«, sagt sie. Ob Großzügigkeit die Chance einer Bewerbung erhöht, sagt sie nicht.

»Bis wann erfahren wir denn, ob wir einen Platz haben?«, fragt ein Mann.

»Das hängt von der Nachfrage ab«, antwortet Anita. »Vier, fünf Monate müssen Sie schon rechnen. Um Ostern herum versenden wir die Bescheide. Kann aber auch etwas später werden, der Andrang ist riesig.«

Wieso kann man Bewerbern eigentlich nicht schnell zu- oder absagen? Wenn der Bescheid binnen drei oder vier Wochen erginge, sänke die Zahl der Vorratsbewerbungen, die Rückmeldebögen könnte man sich dann sparen. Da jedoch fast alle Kitas ihre Plätze alljährlich bis Ostern bunkern, müssen alle Eltern bibbern, ob und wo sie vielleicht einen Platz bekommen.

Zum Schluss erklärt Anita, wie wichtig es sei, während der Bewerbungsperiode Kontakt zur Einrichtung zu halten. »Wir finden es gut, wenn Eltern mal anrufen, wenn sie öfter hier vorbeischauen. Das signalisiert uns, dass Sie sich wirklich für die ›Wilde 13‹ begeistern.«

Eine rundliche, rothaarige Frau neben mir nickt zustimmend. Ich möchte ihr die Tigerente über den Kopf ziehen, die auf Anitas Schreibtisch steht. Öfter vorbeischauen? Begeisterung zeigen? Soll ich das auch bei den 14 anderen Kitas tun, die ich bereits besucht habe? Dann muss ich meinen Kolumnistenjob allerdings an den Nagel hängen und hauptberuflicher Kitalobbyist und Kindergärtnerinnenversteher werden. Ob man davon wohl leben kann?

Nachdem die Anmeldebögen ausgeteilt worden sind, verabschieden sich die meisten Interessenten schnell und hasten zur Tür. Schließlich ist früher Nachmittag, viele müssen vermutlich noch einmal ins Büro. Nur die Frau mit den roten Haaren ist anscheinend nicht in Eile, strahlend baut sie sich vor Anita auf. Vielleicht möchte sie ihrer Begeisterung für die »Wilde 13« Ausdruck verleihen.

Als ich die Kita verlasse, fällt mir der traurige kleine Junge auf. Er sitzt immer noch alleine hinter der Glastür.

Ein Biotop namens Baumarkt

Kurz nach unserem Umzug fiel mir auf, dass im Bad die Abflussarmatur für die Waschmaschine fehlte. »Geh zum Baumarkt und kauf das fehlende Teil«, befahl meine Frau. Ich konterte mit einem Scherz: »Baby, ich bin Sozialwissenschaftler. Ich weiß nicht, wie *Dinge* funktionieren. Aber wenn es um *Menschen* geht, dann bin ich dein Mann.«

Ihr Blick verriet mir, dass mein Spitzengag nicht gezündet hatte. Deshalb setzte ich mich unverzüglich ins Auto und fuhr nach Freiham.

Dort, einige Kilometer westlich des Münchner Stadtgebiets, steht der größte Baumarkt, den ich je gesehen habe. Auf seinem unterirdischen Parkplatz könnte man das komplette Wimbledon-Turnier spielen. Im Verkaufsraum ließe sich ein halbes Dutzend A380 parken – und es wäre immer noch Platz für die »Hindenburg«.

Ich hasse Baumärkte. Denn ihre Konstruktion offenbart

ein grundlegendes Missverständnis in Bezug auf die Wünsche von König Kunde, also mir.

Früher, bevor all die Tooms, Hornbachs und Praktikers die Landschaft verschandelten, gab es das örtliche Eisenwarengeschäft. Man ging hinein und hielt dem Mann hinter dem Tresen sein kaputtes Rohrstück unter die Nase. Daraufhin rief er »Achtziger mit Sechser-Muffe, verzinkt«. Kurz darauf brachte jemand das gesuchte Teil zum Tresen.

Heutzutage muss man zunächst ein schlecht geheiztes Gebäude von der Größe der Allianz-Arena durchqueren – um dort unter 50 000 Artikeln einem Dingsbums hinterherzujagen, von dem man nicht einmal die korrekte Bezeichnung kennt.

Ich seufze. Es hilft ja nichts, ich muss da jetzt durch. Unter brutal gleißendem Neonlicht stapfe ich durch die Tiefgarage zum Eingang, womit ich bereits meinen ersten Laufkilometer absolviert habe.

Zunächst muss ich den Ureinwohner dieses seltsamen Biotops aufstöbern: den *homo constructus,* vulgo Baumarktmännchen. Ein Reservat dieser Größe sollte mindestens 50 ausgewachsene Exemplare beherbergen. Trotzdem wird das schwierig. Denn Baumarktmännchen sind äußerst scheu und verstecken sich die meiste Zeit in den Wipfeln der Hochregale.

Lautlos pirsche ich mich an einer Wand aufpalettierten Bitumen-Kaltklebers entlang. Da vernehme ich etwas, das wie der Lockruf eines brünftigen Baumarktmännchens klingt. Rasch haste ich zur nächsten Gangkreuzung.

Falscher Alarm – es ist nur das Quaken eines Promo-Fernsehers, der in Endlosschleife für ein revolutionäres Aerotwin-Gestänge wirbt.

Ich ändere meine Taktik und hocke hinter den Delta-

schleifern ab. Hier werde ich einfach warten, bis eines der
Tierchen vorbeikommt, auf dem Weg zur Kaffeetränke.
Nach zehn Minuten taucht tatsächlich ein Baumarktmänn-
chen auf. Es faucht böse, doch ich treibe es zwischen den
Flachverbindern und einem Display mit Balkenschuhen in
die Enge.

»Grüß Gott, ich suche ein Siphon für…«

»Ich bin nicht Eisen!«, brüllt es.

»Nicht … Eisen?«, frage ich.

»Ich bin Holz. Eisen ab Quergang 47b.«

Und schon ist es weg. Fluchend laufe ich die zwei Kilometer bis 47b und scheuche dort ein Eisenmännchen auf,
das gerade einige Spreizdübel beschnuppert. Es hört sich
mein Anliegen mit genervter Miene an und fragt:

»Is des Gwind drin oda außn am Röhrl?«

Ich zeige ein Handyfoto vor, das ich von der Badwand
gemacht habe.

Das Baumarktmännchen grunzt, kratzt sich am Bauch
und sagt: »Wos soi des sei? So an Grampf hob i ja no nia
gsegn.« Dann stapft es auf ein Regal zu.

»Wos Eahna feit, is a ›Schlauchverschraubung mit
Raumsparabgang‹.« Das Baumarktmännchen drückt mir
eine Blisterpackung in die Hand. Dann verschwindet es
mit zwei kurzen Sätzen hinter einem Werbedisplay für Ak-
kudreher mit Tiefenanschlag.

Zu Hause versuche ich vergeblich, das Plastikröhrchen (21,95 Euro) anzubringen, und denke darüber nach,
warum Baumarktpersonal stets so ausgesucht unfreund-
lich ist.

In gewisser Weise ist die offenbar angeborene Feind-
seligkeit des Baumarktmännchens ja verständlich. Täglich
dringen Fremde in das Revier dieses stolzen Primaten ein –

ahnungslose, verweichlichte Großstädter, die nicht einmal eine Zarge auswuchten, geschweige denn einen schwimmenden Estrich legen können. Kein Wunder, dass das die Tierchen stresst.

Ich warte, bis Tanja aus dem Haus ist, und bestelle dann einen Installateurmeister. Das Ganze wird mich mindestens 200 Euro kosten. Aber bevor ich noch einmal in den Baumarkt fahre, zahle ich lieber.

Am nächsten Morgen schraubt ein freundlicher Herr im Blaumann in meinem Bad herum. Fachmännisch setzt er ein metallenes Siphon ein, das ganz anders aussieht als jenes aus dem Baumarkt. Dann gibt er mir mein Plastikröhrchen zurück. »Damit hätten Sie hier alles unter Wasser gesetzt«, sagt er tadelnd. »Was für ein Affe hat Ihnen denn das angedreht?«

»Nehmen Sie Zink, das hilft immer«

Als die weiß bekittelte Mittvierzigerin mir die Allergietabletten hinschiebt, weiß ich bereits, was sie als Nächstes sagen wird. Alljährlich futtere ich diese Heuschnupfendrops, ich habe sie schon in bestimmt 50 verschiedenen Apotheken gekauft und fast überall den gleichen Spruch gehört. Auch diese Schubladenzieherin enttäuscht mich nicht: »Sie können noch zusätzlich etwas gegen Ihre Allergie tun«, flötet sie. »Nehmen Sie Zink.«

Irgendwo, bei Bayer oder Pfizer, muss es eine gigantische Lagerhalle geben, bis an die Decke voll mit Zink. Jemand hat die Tabletten wahrscheinlich am Markt vorbeiproduziert, und nun müssen sie dringend weg. Anders jedenfalls ist kaum zu erklären, warum einem die Dinger in jeder Apotheke wie Sauerbier angeboten werden.

Neulich wurde ich mit einer Erkältung vorstellig. Und was bot mir der Apotheker zusätzlich zur Pulle Wick Medi-Nait an? Genau, Zink.

Dabei ist Zink medizinisch betrachtet in etwa so wirkungsmächtig wie Vollmondtänze oder Klangschalenaufgüsse. Laut der Deutschen Gesellschaft für Ernährung ist ein positiver Einfluss auf Erkältungen »wissenschaftlich nicht bewiesen«. Und zu behaupten, Zink helfe gar gegen Allergien, traut sich wohl nicht einmal die »Apotheken Umschau«.

Vielen Apothekern ist das offenbar wurscht.

Die Masche mit dem Zink ist einer der Gründe, warum ich der Apothekerzunft sehr misstrauisch gegenüberstehe. Welcher andere Berufszweig kocht seine Kunden so schamlos ab – und wird vom Staat dermaßen protegiert?

In anderen Ländern kann man 08/15-Präparate im Drogeriemarkt kaufen. In Deutschland geht das nicht, weil angeblich nur die Apotheker qua Studium in der Lage sind, Kunden ordentlich zu beraten. Dabei kann man bei der Stiftung Warentest alljährlich nachlesen, dass Apotheker eher selten gut informieren, häufig von Wechselwirkungen keine Ahnung haben und der treudoofen Kundschaft mit Vorliebe Präparate verkaufen, deren Wirkung, vorsichtig gesagt, umstritten ist.

Damit wir uns nicht falsch verstehen: Es gibt sicher viele grundehrliche, um das Wohl ihrer Kunden besorgte Apotheker in Deutschland. Aber wenn ich mir ihre Auslagen anschaue, habe ich oft das Gefühl, mich bei einem dieser Wundertinkturhändler aus dem Wilden Westen zu befinden, der sein Geld mit Schlangenöl und »Dr. Whiteleys Allheil-Tonikum« verdient. In der Apotheke gibt es »straffende Anti-Aging-Creme mit Fill-in-Effekt« für die zerknitterte Frau und Viragil-Tropfen für »Erschöpfungszustände des Mannes«. Medizinische Wirkung? Glaubenssache.

Der Staat hält den Apothekern dennoch sämtliche Konkurrenz vom Leib – im Glauben, dies führe zu Qualität und Service. Aber natürlich ist das Gegenteil der Fall. Monopolisten sind selten vorbildliche Dienstleister, siehe Post und Schornsteinfeger.

Einige Wochen nach meinem allergiebedingten Apothekenbesuch laboriere ich an etwas, das sich wie eine Blasenentzündung anfühlt. Also gehe ich wieder hin. Die Pillendreherin vom letzten Mal empfiehlt mir als Remedur einen Nierentee, »zum Durchspülen«.

Stiftung Warentest: Vorsicht, Falschberatung in Apotheken nimmt zu!

Zu Hause lese ich auf der Verpackung, dass der Hauptwirkstoff des Tees Birkenpollen sind. Als Pollenallergiker erscheint mir das ungünstig, also fahre ich erneut zur Apotheke. Ich knalle den Tee auf die Theke. »Möchte ich zurückgeben. Ich bin allergisch gegen Birkenpollen.«

»Sind da welche drin?«, fragt sie.

»Ja«, erwidere ich, »lesen Sie doch mal.«

Sie schaut kurz auf die Packung, verzieht die Mundwinkel. Dann sagt sie: »Das macht nichts, können Sie ruhig einnehmen. Es gibt da keine Wechselwirkungen.«

Stumm zeige ich ihr den Beipackzettel. Dort steht, man solle den Tee auf keinen Fall trinken, wenn man gegen Birkenpollen allergisch ist. Widerwillig gibt sie mir mein Geld zurück, nicht ohne mich zu ermahnen. »Bevor Sie hier das nächste Mal etwas kaufen, sagen Sie doch bitte, dass Sie Unverträglichkeiten haben.«

Gerne. Nur was wird es mir nützen?

Dann greift die Apothekerin hinter sich ins Regal und holt eine große Dose hervor. »Alternativ zum Blasentee können Sie diese Cranberry-Drops nehmen«, sagt sie.

»Und die kurieren meine Zystitis?«, frage ich.

»Oh ja«, erwidert sie eifrig. »Die helfen überhaupt immer, wenn irgendwelche Schleimhäute angegriffen sind.«

Ich lächle zuckersüß. »Klingt verlockend, aber lassen Sie mal. Ich habe da in meinem Nachtschrank noch ein paar Kilo Zink.«

»Wo du wolle?«

Zweimal in der Woche nehme ich an der deutschen Taxi-lotterie teil. Jedes Mal, wenn ich in eines dieser cremefarbenen Autos steige, rollt die Kugel. Man weiß nie, was einen erwartet.

Eigentlich sollte eine Taxitour keinerlei Überraschungen bergen, sondern folgendermaßen ablaufen: Man steigt in eine Mercedes E-Klasse, deklariert sein Ziel und wird zügig hingebracht. Stattdessen ist Taxifahren ein Vabanquespiel, bei dem man nur verlieren kann.

Als ich am Hamburger Bahnhof den Wagen am Anfang der Schlange sehe, möchte ich am liebsten kehrtmachen. Der 20 Jahre alte Mercedes hat mehrere Rostflecken von der Größe eines Platztellers, ferner unzählige Schrammen, die stumm Zeugnis vom Fahrstil seines Besitzers ablegen.

Die Frau, die sich nach mehrmaligem Scheibenklopfen aus dem Benz quält, muss an die siebzig sein. Sie trägt abgeschnittene Jeans und einen schmuddeligen Strohhut. Mein Fahrziel ist ihr unbekannt. »Sie können mir den Weg aber schon beschreiben?«, fragt sie vorwurfsvoll.

Ich könnte, aber eigentlich will ich nicht. Genauso wenig wie ich meinem Pizzabäcker erklären möchte, wie eine Funghi zu belegen ist, will ich für meine Taxifahrerin Navi spielen.

Sie beginnt gen Osten zu fahren, obwohl wir zum westlichen Stadtrand wollen. Bevor ich sonst wo lande, gebe ich dann doch lieber Tipps wie »nach Pinneberg geht es da lang«. An der Autobahnauffahrt ist sie unsicher, ob wir die Nord- oder die Südrichtung nehmen sollten.

»Wo würden Sie denn jetzt?«

Irgendwann einmal lautete das Taxi-Produktversprechen: Du musst nicht mit dem ungewaschenen Plebs in der U-Bahn sitzen. Stattdessen kaufst du dir eine halbe Stunde gepflegte, klimatisierte Ruhe. Das ist zwar teuer, aber dafür komfortabel. Heute bin ich froh, wenn Taxifahrer und Gefährt nicht genauso schmuddelig sind wie die Tram zum Oktoberfest.

In den vergangen Wochen erlebte ich

- einen Chauffeur, der zunächst mehrere leere Bierflaschen von der Rückbank entfernen musste.
- einen Fahrer, der sich vor dem Aussteigen erst mal die offene Hose zugürtete.
- eine Fahrerin, die darum bat, die Gepäckstücke mit in den Fond zu nehmen, sie habe »hinten Sperrmüll drin«.
- eine andere, die Rahlstedt nicht kannte – Hamburgs größten Stadtteil.

Fernerhin allerlei verranzte Fahrzeuge – rostig, schmuddlig, nach kaltem Rauch stinkend. Und immer weniger Taxis sind Oberklasse-Limousinen. Aus unerfindlichen Gründen bevorzugen viele Taxler neuerdings die Familienkutsche VW Touran. Dessen Fond ist jedoch für Sechsjährige konzipiert, sodass man wie auf dem Schleifstein sitzt.

Inzwischen ruckeln wir die Kieler Straße hinunter und ich versuche, diese Horrorfahrt positiv zu sehen. Wenigstens quatscht mich die Fahrerin nicht voll. Doch dann erspäht sie im Fahrzeug neben uns eine Frau mit Kopftuch.

Nun beginnt sie mir ihre Meinung über die Defizite bundesdeutscher Integrationspolitik darzulegen. Ein interessantes Thema – aber nicht, wenn es mir von jemandem aufbereitet wird, der seine Kenntnisse ausschließlich aus der Boulevardpresse hat. Überhaupt: Wer nicht einmal die vier Himmelsrichtungen auseinanderhalten kann, sollte beim Thema Migration lieber die Klappe halten.

Ich bin natürlich selbst schuld. Warum hatte ich keinen Wagen vorbestellt? An Flughäfen und Bahnhöfen in das erstbeste Fahrzeug einzusteigen, ist nämlich besonders gefährlich. Denn viele der besseren Fahrer arbeiten entweder bei großen Taxiunternehmen oder sie haben einen festen Kundenstamm. Sie müssen nicht am Airport auf Kundschaft warten. Dort stehen häufig nur jene Chauffeure, die anderswo keine Fuhre bekommen.

Der ADAC fordert deshalb seit Jahren Servicestandards, bisher ohne Erfolg. Als die Stadt Berlin am Flughafen Tegel vor zwei Jahren Qualitätskontrollen durchsetzen wollte, rebellierten die Fahrer. Der Airport setzte sich am Ende vor Gericht durch, aber vielerorts gilt nach wie vor: Orts- und Sprachkenntnisse (»Wo du wolle?«) sind ebenso Glücksache wie Sauberkeit und Manieren. Und das Problem wird von Jahr zu Jahr drängender. Meine Fahrerin ist dafür der beste Beweis. Als sie zum zweiten Mal binnen Minuten falsch abbiegt, frage ich: »Sie fahren wohl noch nicht so lange, was?«

»Doch, seit Jahrzehnten«, entgegnet sie. »Aber heute habe ich sehr lange in einem Roman gelesen.« Ich müsste jetzt wohl nachhaken, inwiefern leichte Lektüre das Fahrverhalten beeinträchtigt – oder ob »Roman« vielleicht Taxlercode für Weizenkorn ist. Aber ich lasse es lieber.

Es gibt ein bisschen Hoffnung, dass irgendwann alles besser wird. Denn seit Kurzem gibt es Mobiltelefon-Apps wie MyTaxi. Sie ermöglichen es dem Fahrgast, den Taxler nach der Fahrt zu bewerten. Bevor man einen Wagen bestellt, kann man sich zudem ein Foto des Fahrers und sein Durchschnittsrating angucken.

Bei meiner Chauffeurin hätte ich das Rating gar nicht gebraucht, das Foto hätte gereicht. Fahrern mit Hut ist einfach nicht zu trauen.

Nicht ohne meinen Klamottencoach!

Das Jackett spannt an den Schultern, und den Knopf vorne kriege ich auch kaum zu. »Zu eng«, erkläre ich dem Verkäufer. Der Mann schüttelt energisch den Kopf, seine pomadisierte Wave-Tolle vibriert. »Nein, es sitzt perfekt.« Er selbst wiegt höchstens 60 Kilo und trägt ein knallrotes Sakko sowie grüne Chinos, die mindestens zehn Zentimeter zu kurz sind.

»Und es ist zu hoch geschnitten«, sage ich. Der Herrenmodist macht einen Schritt auf mich zu. »Nein, das ist doch gut«, belehrt er mich. »Hoch ist doch dieses Jahr genau das Thema!«

Ich mustere einen weiteren Verkäufer, der gerade an uns vorbeieilt. Sein Sakko sieht ebenfalls aus, als stamme es aus der Konfirmationsabteilung. Ich zucke schicksalsergeben mit den Achseln, wodurch beinahe die Rückennaht reißt. »Dann nehme ich es.«

Als meine Frau das neue Jackett sieht, bekommt sie einen Lachanfall. Sie sagt etwas von »zwei Nummern zu klein« und von »Entenarsch«. Ich versuche ihr zu erklären, dass hoch diese Saison genau das Thema ist. Aber sie kichert nur.

Ich erwäge kurz, das thematisch korrekte, aber leider untragbare Jackett in meinen Schrank zu hängen. Dort verstauben bereits diverse andere Sakkos – manche schlackern am ganzen Körper, andere pressen mir bei jeder ruckartigen Bewegung die Luft aus den Lungen. Gemein ist all diesen Kleidungsstücken, dass ich sie bei richtigen Herrenausstattern gekauft habe. Dort gibt es noch Beratung, und die Verkäufer versicherten mir stets, das Stück sitze tipptopp.

Neulich habe ich eine Frau kennengelernt, die als Fashion Coach arbeitet. Sie erklärt ihren Kunden, welche Farben zu ihnen passen oder welche Arten von Kleidungsstücken sich miteinander kombinieren lassen. Vor allem aber geht sie mit ihnen auf Einkaufstour. Warum? »Weil den Verkäufern heutzutage völlig egal ist, ob den Leuten das Zeug passt.«

Dazu ein ganz wahllos herausgegriffenes Beispiel: Wenn etwa ein 25-jähriger Hipster einem, sagen wir, leicht speckigen, 40-jährigen Kolumnisten mit Konfektionsgröße 50 erzählen will, ein seit Monaten unverkäufliches Jackett sei modemäßig »genau das Thema«, dann schreitet die Modeberaterin beherzt ein.

Es ist ein bisschen, als ob man seinen Anwalt mit zum Klamottenkauf nimmt, damit man dort nicht über den Tisch gezogen wird.

Ganz ohne Fashion Coach gehe ich erneut zum fraglichen Herrenausstatter und bringe das Jackett zurück. »Passt wirklich nicht«, sage ich zu dem Hungerhaken mit der Wave-Tolle. »Ich kann in dem Ding nicht mal die Arme heben.« Der Verkäufer wirft einem seiner Kollegen einen mitleidheischenden Blick zu. Dann sagt er: »Na ja, das ist halt eher ein Partysakko. Zum Rumstehen.«

»Ich brauche aber eines, in dem man auch laufen kann. Außerdem geht es kaum zu«, sage ich.

»Soll es ja gar nicht. Offene Sakkos sind …«

»… genau das Thema, ich weiß.«

Missmutig zahlt er mir meine 199 Euro aus. Als ich aus dem Laden raus bin, frage ich mich, ob ich ihm folgenden Witz hätte erzählen sollen: Ein Herr geht zum Schneider und sagt: »Der Anzug, den sie mir gefertigt haben, der passt nicht.« Der Schneider schaut sich die Sache an und entgegnet: »Nun, sie müssen nur den linken Arm anwinkeln, sich weit nach vorne beugen und den Kopf nach rechts drehen. Dann sitzt er wie angegossen.«

Der Herr tut, wie ihm geheißen, und geht. Draußen beobachten zwei Männer, wie der Anzugkäufer ungelenk davonhumpelt. »Der arme Kerl ist ja total verkrüppelt«, sagt der eine.

»Ja«, entgegnet der andere, »aber er hat einen verdammt guten Schneider.«

Wenig Ruß und noch weniger Feuer

An der Haustür klebt ein Zettel: »Der Schornsteinfeger kommt.« Einen Termin hat er auch schon ausgesucht: Mittwoch in vier Wochen, 15 Uhr. Eine Spitzenzeit – wer sitzt da nicht gemütlich auf dem heimischen Sofa und isst Erdbeerkuchen?

Als neulich der Wartungsdienst der Heizungsfirma kam, konnte ich den Termin individuell abstimmen. Auf dem Zettel des Schornsteinfegers, genauer gesagt: des Bezirksschornsteinfegermeisters (BzSchfM), wird diese Möglichkeit gar nicht erst erwähnt.

Warum auch? Der BzSchfM ist schließlich nicht irgendein dahergelaufener Rohrbläser. Er ist ein öffentlich beliehener Handwerker, der im Auftrag des deutschen Staates vermittels des Schornsteinfegerhandwerksgesetzes (SchfHwG) darüber wacht, dass die für kleine und mittlere Feuerungsanlagen vorgeschriebenen Schornsteinfegerarbeiten durchgeführt und die Bundesimmissionsschutzverordnungen (BImSchV) eingehalten werden.

Wer mit derart offiziösen Vollmachten ausgestattet ist, kann sich Kundenfreundlichkeit oder Zuvorkommenheit natürlich sparen. Denn jeder Eigentümer einer Feuerstätte ist nun einmal verpflichtet, selbige dem BzSchfM jährlich zu zeigen, auf dass dieser die Feuerstättenschau ordnungsgemäß durchführen und die Ergebnisse in sein Kehrbuch eintragen kann.

Ich überlege kurz, den Termin einfach zu ignorieren. Ein kurzer Blick in das SchfHwG belehrt mich jedoch eines Besseren. Bei den Schloten seiner Untertanen versteht

der deutsche Staat offenbar keinen Spaß. Dem BzSchfM ist
Zutritt zu gewähren, heißt es bereits in § 1: »Das Grund-
recht der Unverletzlichkeit der Wohnung (Artikel 13 des
Grundgesetzes) wird insoweit eingeschränkt.«

Am vereinbarten Tag erscheint der Rauchfangkehrer
eine halbe Stunde zu spät. Er trägt einen schwarzen Anzug, weißes Halstuch und einen abgewetzten Zylinder.
Meine Sorge, die gerade frisch geputzte Wohnung könnte
von einem schmutzigen BzSchfM vollgerußt werden, er-
weist sich als unbegründet: Der Mann ist blitzsauber, was
vermutlich daran liegt, dass er bei seiner Feuerstättenschau
im Münchner Speckgürtel nur Hightech-Heizungsaggre-
gate zu Gesicht bekommt.

Der BzSchfM führt einige Messungen durch. Das Gerät,
das er hierfür verwendet, sieht genauso aus wie jenes, das
der private Wartungsdienst neulich benutzt hat. Im Keller entfährt ihm ein ärgerliches Schnaufen. »Des is a rechte
Schlamperei!«

Ich betrachte interessiert das Rohr, auf das er zeigt.
»Was denn?«

»Eahna Rohr des muaß gescheit verkoffert werdn. So
gäht des net. Wenns Eahna da damit derwischn …«

Ich gelobe, den Vermieter über diesen brandgefährli-
chen Missstand in Kenntnis zu setzen. Der BzSchfM wer-
kelt noch ein bisschen, nach zehn Minuten ist er fertig. Die
Stirn unter seinem Zylinder wirft tiefe Falten, während
er in sein Kehrbuch kritzelt. Ich glaube, die Sache mit der
Verkofferung hat ihm irgendwie den Tag versaut.

Er hält mir ein Formular zur Unterschrift hin, murmelt
etwas Unverständliches und verlässt dann das Haus.

Eine Woche später bekomme ich eine Rechnung für
den Feuerstättenbescheid. 66 Euro kostet die Stippvisite.

Ich vergleiche die vom BzSchfM ermittelten Messwerte mit denen, die zuvor der private Wartungstechniker kalkuliert hat. Sie sind identisch, was bei baugleichen, vom TÜV geeichten Geräten und einer volldigitalen Heizungsanlage auch nicht verwunderlich ist.

Wegen der vom BzSchfM monierten Rohre rufe ich den Hauseigentümer an. »Der Schornsteinfeger sagt, die Verkofferung müsse neu gemacht werden.«

Mein Vermieter lacht. Er kenne den Schornsteinfeger gut, dieser kehre und kontrolliere schon seit über zwei Jahrzehnten in diesem Bezirk. »Der hat die neue Heizungsanlage schon fünfmal abgehakt. Letztes Jahr hat ihm plötzlich eine Kamintüre nicht gepasst. Denken Sie sich nix. Das ist nur Münchner Grantelei.«

Vermutlich war es vor hundert Jahren in den kohlebeheizten, überbelegten Wohnblocks großstädtischer Arbeiterviertel eine gute Idee, regelmäßig zu kontrollieren. Aber heute könnte der Ablesevorgang bei vielen modernen Anlagen vollautomatisch erfolgen, zudem kommt ohnehin regelmäßig ein Wartungstechniker.

Vor einigen Jahren musste die Bundesrepublik auf Druck der EU ihr Schornsteinfegerwesen reformieren – ab 2013 gibt es deshalb das sogenannte Bezirksmonopol nicht mehr. Dieses garantierte dem BzSchfM bis dato, dass ihm beim Kehren keine Konkurrenz in die Quere kam. Ansonsten hat die Politik das verstaubte Gesetz, das 1935 von Sie-wissen-schon-wem erlassen wurde, weitgehend unangetastet gelassen. Die bestehenden Kehrbezirke und die Bezirksschornsteinfeger existieren weiter. Auch die Pflicht, die Kamine moderner Öl- und Gasheizungen überprüfen zu lassen, bleibt bestehen.

Nächstes Jahr darf ich mir meinen Schornsteinfeger also

selbst aussuchen. Ich werde wieder den gleichen bestellen.
Denn ich möchte zu gerne wissen, was er dann zu unseren
völlig unveränderten Heizungsrohren sagt.

Der Bote kommt, das Paket nicht

Elternzeit – endlich mit meinen Kindern spielen, endlich die Steuer machen. Endlich im Internet nutzloses Zeug bestellen, bis der Rechner raucht. Das erste Mal in meinem Leben darf ich darauf hoffen, die Pakete selbst in Empfang nehmen zu können.

Bisher fand ich bei meiner abendlichen Rückkehr von der Arbeit statt der bestellten Ware stets ein kleines Kärtchen vor. »Leider haben wir Sie nicht angetroffen«, steht darauf. Wenn es sich um ein DHL-Paket handelt, muss man mit dem Zettel zur Post dackeln, wo bereits 25 andere Menschen mit Paketkarten stehen. Noch ärger ist es bei UPS und Co. Die unternehmen zwar mehrere Zustell-. versuche, ihre Abholzentren befinden sich aber ausnahmslos in verfallenen Industriegebieten, die man ohne Schusswaffe nur ungern betritt.

Aber nun bin ich ja den ganzen Tag daheim. Heute soll eine gusseiserne Auflaufform kommen, die Versandbestätigung habe ich bereits per Mail erhalten. Durch einen Klick auf den Nachverfolgungslink erfahre ich zudem, die Sendung habe »das Auslieferungszentrum Nord verlassen«.

Kommt aber kein Paket.

Als meine Frau abends nach Hause kommt, hat sie eine orangefarbene Karte in der Hand. »Guck mal, das klebte an der Tür. Du hast den Paketmann verpasst.«

»Kann nicht sein. Ich war den ganzen Tag hier.«

»Vielleicht hast du die Klingel nicht gehört.«

In den kommenden Wochen bestelle ich eine Menge weiterer Dinge, und immer wieder finde ich abends Paketkarten in unserem Briefkasten oder an der Tür, ohne dass es je geklingelt hätte. Selbst an Tagen, an denen ich keinen Fuß vor die Tür setze. Einmal sehe ich vom Fenster aus, wie der Paketlaster durch unsere Straße fährt.

Kommt aber kein Paket. Nur eine Karte.

Es gibt drei denkbare Erklärungen für dieses seltsame Phänomen:

1. Tom König hat sich in seiner wilden Jugend zu viel Manowar durch die Gehörgänge geblasen und leidet nun unter Hypakusis.
2. Tom König hat eine kaputte Klingelanlage.
3. Der Paketbote schmeißt nur eine Karte ein, statt die Pakete zuzustellen.

Mehrere Indizien sprechen für Variante drei. Da ist zunächst die Lage der Wohnung. Obergeschoss ohne Fahrstuhl, das kostet den Boten natürlich Zeit. Zudem scheint es, dass handliche Pakete eine größere Zustellchance besitzen als sperrige. Den Tisch, den ich bei Tchibo bestellt habe, durfte ich vom Paketdepot mit der Sackkarre heimfahren. Die einzelne DVD hingegen kommt meistens an.

Das wichtigste Indiz jedoch ist, dass alle, denen man diese Geschichte erzählt, sofort eifrig nicken. Der Paketbote, der nicht klingelt, ist eines dieser allgegenwärtigen Serviceerlebnisse. Das Ganze lässt sich nur schwer beweisen. Aber jeder kennt das Phänomen.

Aus Kundensicht ist die Nichtzustellung mehr als ein Ärgernis; sie ist glatter Vertragsbruch. Ich habe das Porto schließlich nicht dafür gezahlt, dass ich das Paket irgendwo abholen muss, sondern dafür, dass es mir bis an die Türschwelle geliefert wird.

Aus Sicht des Paketboten gestaltet sich die Sache natürlich ganz anders. Er handelt, rein ökonomisch betrachtet, völlig korrekt.

Warum? Weil die boomende Paketlogistik sich in den vergangenen Jahren zu einer der miesesten Ausbeuterbranchen der Republik entwickelt hat. Kleine Subunternehmer schuften über zwölf Stunden, sechs Tage die Woche – für ein winziges Gehalt. Wer diese Einschätzung für übertrieben hält, sollte sich die TV-Dokumentation »Paketsklaven« des Investigativjournalisten Reinhard Schädler anschauen. Bis zu 200 Pakete am Tag muss ein Zusteller ausliefern – ist er selbstständig tätig, bekommt er dafür etwa 60 Cent pro Box. Um auf einen (unrealistischen) Stundenlohn von zwölf Euro zu kommen, müsste der Bote folglich alle drei Minuten eine Kiste loswerden.

Folglich muss er sich bei jedem Karton aufs Neue die Frage stellen: Lohnt es sich, den aus dem Laster zum Haus zu schleppen?

In vielen Fällen lohnt es sich natürlich nicht. Wer ohnehin weiß, dass seine tägliche Tour nur mit Hängen und Würgen zu bewältigen ist, sortiert eben die verflixten Kisten aus. Sperrgut bleibt ebenso im Wagen wie Kartons für Leute, die bei den letzten 20 Zustellversuchen nicht zu Hause waren.

Ich kann mir förmlich vorstellen, wie der Paketbote seine Liste durchgeht und zum Fahrer sagt: »Diglfinger 37, Tom König?«

Der rümpft die Nase. »Vergiss es. Dachgeschoss ohne Fahrstuhl. Und was schlimmer ist: Der Typ macht immer erst beim dritten Klingeln auf. Ich glaub' der ist total schwerhörig.«

Beraten und verkauft

Meine Mutter war ganz aufgeregt. »Ich bekomme einen Vermögensberater«, sagte sie.

»Wow«, entgegnete ich. »Ich wusste gar nicht, dass du einen brauchst.«

Mutter wusste das auch nicht. Ihr Erspartes ruhte seit dem Tod meines Vaters bei einer Bankfiliale am Stadtrand. Dort rentierte es weitgehend finanzunoptimiert vor sich hin, bis eines Tages ein Brief von der Bank kam: Das gesamte Asset Management für Wealthy Individuals werde im Haupthaus zentralisiert. Meine Mutter war zunächst wenig begeistert, dass sie wegen ihres Depots fortan in die Innenstadt fahren sollte. Aber der stellvertretende Filialleiter sagte: »Im Haupthaus, da sitzen die Profis, Frau König. Echte Trüffelschweine, die holen mehr für Sie raus.«

Vier Wochen später sitzen wir bei unserem Trüffelschwein. Es heißt Herr Einhorn und ist um die dreißig. Unser Asset Manager hat seine Haare zurückgegelt, er trägt Hornbrille und Hosenträger. Kurzum: Er versucht so auszusehen wie ein Wall-Street-Banker. Sein C&A-Anzug, die Plastik-Swatch und die Gummipalme hinter seinem Schreibtisch konterkarieren dieses Unterfangen.

Als ich ihm unsere Anlagewünsche erläutere, schaut er miesepetrig: »Wir sind konservativ«, sage ich. »Meine Mutter möchte keine Optionsscheine, lieber Bundesschatzbriefe oder Dax-Aktien – Papiere, die man jahrelang liegen lassen kann.«

Herr Einhorn nickt, als prüfe er dieses Ansinnen eingehend. Dann sagt er: »Ich habe mir erlaubt, Ihre Depotstruktur zu analysieren.« Er dreht seinen Flachbildschirm herum, zeigt auf ein paar Tortendiagramme und murmelt etwas von »ungenügender Beimischung« sowie »dringend gebotener Risikodiversifizierung«. Unser Vermögensoptimierer redet jetzt sehr schnell und ich kann sehen, wie die Augen meiner Mutter so matt wie Milchglasscheiben werden.

Plötzlich knallt er drei Papiere auf den Schreibtisch: »Die neuesten Tipps unserer Aktienresearch! Welches Produkt möchten Sie kaufen?«

Ich lehne mich vor: »Power Put auf den Topix Mid 400« steht da. Und: »Quanto Turbozertifikat«.

»Klingt alles sehr spekulativ«, wende ich ein. »Wir wollten doch eher was Konservatives.«

Herr Einhorn streicht die Frontpartie seines 200-Euro-Dreiteilers glatt und lächelt gequält. »Natürlich, natürlich. Da suche ich Ihnen ein paar Supersachen raus.«

Seitdem vergeht kaum eine Woche, ohne dass dieser Schmalspur-Aktienstratege meine Mutter anruft, die dann wiederum bei mir durchklingelt, mit Panik in der Stimme: »Tommy, ich hab' solche Angst um unser Geld! Herr Einhorn hat gesagt, es drohen hohe Verluste, wenn wir nicht umschichten. Wegen des ... des Dabbeldipp.«

Ich rate ihr stets, überhaupt nichts zu tun. Bei all den Bundesschatzbriefen wird bestimmt nicht allzu viel schiefgehen. Schon Börsenguru André Kostolany hat ja gesagt, man solle Anleihen kaufen und sich schlafen legen.

Es gibt wenig Gutes über bankeigene Vermögensberater zu sagen. Eigentlich überhaupt nichts. Deren Tipps fallen in der Regel in eine von drei Kategorien: Analystenempfehlung, Aktienfonds oder Depotumschichtung. Kunde König kennt sie alle und liefert Ihnen hier die Übersetzung des Börsenkauderwelsches, ganz ohne Beratungshonorar:

1. Jetzt Daimler akkumulieren –
heißer Tipp aus unserer Analyseabteilung!
 Übersetzung: Unser Eigenhandel hat sich übel verzockt, und ein paar unserer Großkunden ebenfalls. Deshalb haben wir jetzt genug Daimler-Aktien, um damit die Vorstandsetage zu tapezieren. Und da kommst du ins Spiel. Kauf uns die Lappen ab. Na los – das Kursziel, das sich unsere Analysten ausgedacht haben, ist doch wohl traumhaft.

2. Die Konjunktur dreht –
das Depot muss umstrukturiert werden!
 Übersetzung: Deine Aktien schimmeln jetzt bereits seit einem Jahr vor sich hin. Mag sein, dass du damit Geld verdienst. Aber denk doch einmal an deinen armen Berater! Der verdient schließlich nur etwas, wenn du long gehst. Oder short. Worin du investieren sollst? Egal. Hauptsache, es bewegt sich was.

3. Gemanagte Aktienfonds unserer Bank machen mehr Rendite!

Übersetzung: Mehr Rendite für uns. Wir kassieren nicht nur einen fetten Aufschlag beim Kauf, sondern unser Fondsmanager bekommt außerdem jedes Jahr 0,5 Prozent des Fondswerts – egal, wie sehr er sich verspekuliert. Ein weiteres Plus: Die ganzen überschüssigen Daimler-Aktien (siehe Punkt 1) kippen wir einfach in deinen Fonds. Und wenn du dich irgendwann beschwerst, dass der Fonds eine Gurke ist, schlagen wir dir Punkt 2 vor.

Mit Vermögensberatung hat so etwas wenig zu tun – eher mit Verrat am Kunden. Aber wer sich in die Fänge dieser Leute begibt, trägt zumindest eine Mitschuld. Warum? Weil ordentliche Beratung Geld kostet. Gute Rechtsanwälte oder Steuerberater haben ihren Preis. Nur der Vermögensberater von der Bank, der offeriert seine Dienste umsonst. Und deshalb muss jedem klar sein, dass er bekommt, was er bezahlt: nämlich nichts.,

Kasse machen ohne Kassenpatienten

Der aufrechte Gang ist mir seit Tagen verwehrt. Am Samstagmorgen kam der Hexenschuss, nun schleppe ich mich zum Orthopäden. Es ist Montag früh, die Praxis öffnet um acht Uhr. Aber es brennt schon Licht, als ich um Viertel vor ankomme. Also gehe ich hinein.

Die Dame am Tresen mustert mich unwirsch. »Sprechstunde erst ab acht, kommen Sie später wieder.«

Ich deute auf das Wartezimmer, in dem bereits ein Herr im Geschäftsanzug sitzt. »Könnte ich mich nicht so lange hier hinsetzen? Draußen hat es minus 15 Grad.«

Man merkt, dass es ihr nicht recht ist. Aber sie winkt mich dennoch durch. Langsam lasse ich mich auf einen Stuhl sinken. Der Herr gegenüber schaut von seinem BlackBerry hoch und nickt mir aufmunternd zu. »Auch Hexenschuss? Wird schon wieder.«

Ich nicke matt. Eigentlich hatte ich mir geschworen, diese Orthopädin nie wieder aufzusuchen. Ihr Laden ist schlecht organisiert, die Wartezeit beträgt mehrere Äonen, und Frau Doktor ist stets unwirsch und desinteressiert. Aber die Praxis liegt in meiner Straße, und es ist schließlich ein Notfall.

Nach etwa fünf Minuten erscheint die Ärztin. Sie strahlt übers ganze Gesicht, als sie den Anzugträger sieht. Frau Doktor legt ihm die Hand auf den nadelgestreiften Arm, während die beiden das Wartezimmer verlassen und sich einige Meter entfernt unterhalten. Ich blättere in meiner Illustrierten und stelle mein rechtes Ohr auf Mithören (eine alte Journalistenfertigkeit).

»Herr Ansbach, die Tomografien sind okay. Und ich habe Ihnen hier nochmals zwölf Massagen aufgeschrieben. Damit wir Sie bis zu Ihrem Urlaub wieder fit kriegen.« Den Rest verstehe ich nicht so richtig, aber sie nimmt sich auf jeden Fall viel Zeit.

Als ich zwei Stunden später drankomme, wird nicht tomografiert und es gibt auch keine Massagen. Stattdessen rät Frau Doktor mir, eine Packung Ibuprofen zu erwerben. »Geht dann schon wieder weg«, sagt sie. »Dauert halt ein bisschen.«

So ist das eben als Kassenpatient. Für einen Privaten darf der Arzt 2,3- bis 3,5-mal so viel abrechnen wie für einen aus der AOK-Holzklasse. Ohne Privatpatienten kommt eine Praxis nicht über die Runden – ergo pampert sie ihre Premiumkunden in jeder erdenklichen Weise.

Es ist genau wie bei der Lufthansa. Fliege ich Economyclass, so ist mir klar, dass jene Kunden, die für den dreifachen Betrag Business gebucht haben, einen breiteren Sitz bekommen. Obwohl ein sinnigerweise Class Divider genanntes Vorhängchen mir den Blick nach vorne verwehrt, weiß ich, dass es dort Sekt gibt und hinten nur Selters.

Der Unterschied zwischen Praxis und Fluggesellschaft ist, dass die Lufthansa aus diesem Umstand keinen Hehl macht – Marktwirtschaft eben. Ärztevertreter hingegen versuchen oft, das Existieren von zwei Klassen wegzudiskutieren, und versichern eisern, unser Gesundheitssystem sei eine total egalitäre Veranstaltung.

Es wäre besser, uns Kunden bei medizinischen Dienstleistungen die Wahrheit zu sagen, auch wenn sie vielleicht deprimierend und herzlos erscheint. Marktwirtschaft ist leider herzlos. Ein transparentes Zwei-Klassen-System wäre auf jeden Fall besser als ein intransparentes, in dem

Patienten unter fadenscheinigen Ausreden (»wir sind über Wochen ausgebucht«) keine Termine bekommen.

Vor einiger Zeit ließ ich mir beim örtlichen Hautarzt einen Leberfleck entfernen. »Das machen wir gleich hier«, sagte der Dermatologe. Er setzte mich in seinem Büro auf einen Hocker, griff sich ein Skalpell und schnitt. Dann vernähte er die Wunde und klebte ein Pflaster darauf – nach drei Minuten waren wir fertig. »Die Fäden lösen sich später von selbst auf«, beschied er mir.

Das taten sie, doch leider blieb eine unschöne Narbe zurück. Da ich mir nun weitere Leberflecke wegmachen lassen will, rufe ich deshalb auf Anraten eines befreundeten Chirurgen in einer Arztpraxis namens Dermatologikum an. »Sie wissen, dass wir nur auf Privatrechnung arbeiten?«, fragt mich die Sprechstundenhilfe.

»Ist mir klar.«

Ich fahre für diesen Termin extra nach Hamburg, aber ich muss ohnehin mal wieder bei meiner Mutter vorbeischauen. Das Dermatologikum ist die vielleicht imposanteste Praxis, die ich je gesehen habe. Sie befindet sich in der denkmalgeschützten Alten Oberpostdirektion. Das Wartezimmer gleicht dem Leseraum eines englischen Herrenklubs, man sitzt in Ledersesseln unter historischen Stichen von Rennpferden. Als ich aus dem reichhaltigen Zeitungsangebot die »Financial Times« ausgewählt habe, holt mich auch schon eine strahlend lächelnde Assistentin ab und bringt mich zum behandelnden Arzt.

Kurz bin ich versucht zu sagen, dass ich meinen Blinddarm behalten möchte. Denn der Doktor wartet in einem voll ausgestatteten OP-Saal, sekundiert von zwei Assistentinnen. Aus den Boxen tönt klassische Musik. Nachdem wir etwas Small Talk gemacht haben, beginnt er zu operieren. Hinterher erklärt er mir mehrere Minuten lang, wie die Wundreinigung zu erfolgen hat. Er gibt mir zudem ein ganzes Set von Spezialpflastern und Wundklemmen mit. »Die sind wichtig, damit der Vernarbungsprozess optimal verläuft.«

Als ich die Praxis verlasse, bin ich wie betäubt. Und das liegt nicht nur an den Anästhetika, die man mir großzügig injiziert hat. Sondern auch daran, dass dieser Arztbesuch im Vergleich zum Kassenerlebnis beinahe eine Wellnessbehandlung war. Das Leben des Privatpatienten, es ist märchenhaft – das eines Kassenpatienten leider nicht.

Langsamer als die Polizei erlaubt

Als ich einem Pressesprecher neulich eine besonders haarsträubende Geschichte aus der deutschen Servicesahara erzählte, guckte der skeptisch. »Das haben Sie sich doch ausgedacht, Herr König.«

Nein, habe ich nicht. Als Servicekolumnist habe ich es gar nicht nötig, mir irgendetwas aus den Fingern zu saugen. Denn das Kundenleben ist so voller Fährnisse und Gemeinheiten, dass mir der Stoff wohl niemals ausgehen wird.

Wobei ich gestehen muss: Manche Servicedesaster regen meine Fantasie an, wenn auch auf eher ungesunde Weise. Das liegt an dem Ohnmachtsgefühl, das ich immer dann verspüre, wenn mich eine Behörde oder ein Callcenter ins Leere laufen lässt. Dann male ich mir gerne Kunde Königs schreckliche Rache aus, schlage im Geiste mit dem Vorschlaghammer das Kreisverwaltungsreferat kurz und klein oder fessele DSL-Verkäufer mit ihren eigenen Routerkabeln an Bürostühle.

Sorry, ich schweife ab. Zur wahren Begebenheit der Woche: Die Einfahrt meines Hauses wird immer wieder von irgendwelchen Dimpfeln zugeparkt. Ich habe deshalb ein »Wer hier parkt, fährt auf Felgen weiter«-Schild angebracht und pappe den Falschparkern außerdem Zettel an die Scheibe – alles vergeblich.

Ich will in so einem Fall nicht die Polizei rufen. Ich will das Problem unter mündigen Bürgern klären. Als ich aber zum zwanzigsten Mal morgens meine Karre nicht aus der Einfahrt bekomme, pfeife ich auf die verdammte Zivilgesellschaft und rufe die Polizei.

Nach Vater Staat und seiner grün gewandeten Trachtengruppe zu schreien, ist in meinem Fall besonders verlockend. Denn ich kann die örtliche Polizeiwache von meinem Haus aus sehen. Sie liegt etwa 50 Meter die Straße hinunter. Die Beamten dort, das war bisher mein Eindruck, sind schwer auf Zack, man könnte beinahe sagen: hyperaktiv. Vergangene Woche haben sie mir gleich zwei Strafzettel verpasst und mich außerdem rausgewinkt, weil ich meinen Gurt nicht angelegt hatte.

Ich rufe dort an und trage mein Anliegen vor.

»Klären Sie das doch direkt mit dem Fahrer«, rät der Wachtmeister.

»Der Typ ist seit einer Stunde weg«, erwidere ich. »Und er steht vor einem abgesenkten Bordstein. Das darf er nicht, oder?«

Der Wachtmeister seufzt. »Ja, nein. Also – gerade ist kein Wagen verfügbar.«

»Wann wäre denn einer verfügbar?«

»Müssen wir schauen. Ich sage den Kollegen Bescheid.«

Es versteht sich wohl von selbst, dass kein Streifenwagen auftauchte – nicht bei diesem Anruf und auch nicht bei den beiden darauf folgenden. Ich habe dafür brutalstmögliches Verständnis. Der Münchner Westen ist ein heißes Pflaster, da hat man als Schutzpolizist ohne Zweifel mehr Stress als die Jungs von »Alarm für Cobra 11«. Ober- und Untermenzing sind Brennpunkte, voller autonomer Autoabfackler, Heroindealer und al-Qaida-Terroristen. Da bleibt für Falschparker keine Zeit.

Einige Wochen später muss ich dringend weg, aber ein riesiger Lkw hat mich zugeparkt. Er blockiert außer meiner Einfahrt auch noch die Feuerwehrzufahrt der benachbarten Wohnungsanlage.

Im Stechschritt marschiere ich zur Polizeiwache. Vor der Tür stehen drei Streifenwagen. Ich werde beim diensthabenden Beamten vorstellig und schildere mein Problem.

»Und was sollen wir da jetzt Ihrer Meinung nach machen?«

Atmen, König. Und lächeln, immer lächeln. »Nun, wie wäre es, wenn einer ihrer Kollegen kurz rüberläuft und diesen Verstoß gegen die Straßenverkehrsordnung ahndet? Das Parken vor Bordsteinabsenkungen ist meines Wissens unzulässig. Paragraf zwölf.«

Er nickt und schaut versonnen, so als denke er über diese Idee nach. Schließlich sagt er: »Alles klar. Gehen Sie doch schon mal heim. Die Kollegen trinken noch kurz ihren Kaffee aus, kommen dann rum.«

Eine Viertelstunde darauf ist die Polizei immer noch nicht da. Ich rufe bei der Wache an.

»Hallo, ich war eben bei Ihnen, wegen des Lkw.«

»Ja?«

»Die Sache hat sich erledigt. Ich habe den Fahrer erschossen und den Lkw selbst weggefahren. Und ihn angezündet.« Ich lache irre und lege auf.

Zwei Minuten später stehen drei Streifenwagen vor unserem Haus. Ein halbes Dutzend Schupos und mehrere Zivilcops laufen aufgeregt hin und her. Im Hintergrund meine ich das Knattern eines Helikopters zu vernehmen. Als ich aus dem Haus trete, brüllt mich einer der Wachtmeister an: »Haben Sie nicht gesagt, Sie hätten ihn erschossen?!«

Ich zucke mit den Schultern. »Haben Sie nicht gesagt, Sie hätten keine Zeit?«

(Inspiriert von der urbanen Legende »Wie man die Polizei ruft«)

Schweine müssen draußen bleiben

Die bei der Bank, die wollen nur dein Geld. Das begriff ich mit etwa zehn Jahren, als man mir bei der Raiffeisenbank eine Sparbüchse schenkte. Sie bestand aus billigem Plastik, dazu gab es ein Comicheft von »Marc & Penny«. Die jugendlichen Protagonisten erlebten darin irgendwelche faden Abenteuer, an deren Ende sie stets zur Bank rannten und dort ihr Geld ablieferten.

Als ich die Sparbüchse zu Hause begutachtete, stellte ich fest, dass die Bankerin vergessen hatte, mir den dazugehörigen Schlüssel auszuhändigen. Also lief ich zurück zur Filiale. Dort erklärte mir die Schalterdame, das mit dem Schlüssel sei keineswegs ein Versehen: »Der bleibt hier. Du sollst das Geld schließlich hier abliefern, wenn die Büchse voll ist.«

Solch ein Erlebnis prägt, und fast dreißig Jahre später ist mein Misstrauen gegen die Bankster immer noch groß. Trotzdem – oder gerade deswegen – möchte ich meiner achtjährigen Tochter Anna gerne einige Grundregeln der Vermögensanlage vermitteln.

Das erscheint mir dringend geboten, da sie jeden Euro sofort für Prinzessin Lillifee und deren Hofstaat ausgibt. Also habe ich ihr unlängst ein Sparschwein gekauft. Es ist rosa, wie alles in ihrem Zimmer. Und es ist inzwischen prall gefüllt.

»Gehen wir jetzt zum Spielzeugladen?«, fragt Anna.

»Nein«, antworte ich. »Jetzt gehen wir zur Bank.«

Seit ihrer Geburt hat Anna ein Konto bei einer deutschen Großbank. Die sind besonders stabil, dachte ich damals. Gerade stand allerdings in der Zeitung, dass unser Institut durch den EU-Stresstest gerasselt ist und mehrere Milliarden Euro frisches Kapital braucht.

Es ist das erste Mal, dass meine Tochter die örtliche Filiale in unserem Stadtteil betritt. Sie guckt misstrauisch. Mit beiden Händen hält sie ihr Schwein umklammert und mustert verstohlen die Frau am Schalter. Ich hebe Anna hoch und sage: »Guten Tag, wir möchten gerne eine Einzahlung tätigen.« Dabei deute ich auf das Sparschwein.

Die Frau schüttelt den Kopf. »Oh, Kleingeld, nee, das können Sie bei uns nicht. Fahren Sie am besten ins Haupthaus in der Innenstadt.«

»Aber das hier ist doch eine Bank, oder? Meine Tochter hat ein Konto bei Ihnen.«

»Mmmh. Wie viel ist es denn?«, fragt die Bankerin.

»Weiß ich nicht genau«, antworte ich. »Eine Menge Hartgeld. Aber auch recht viele Scheine.«

Bei dem Wort »Scheine« hellt sich ihr Gesicht ein klein wenig auf. »Also gut«, murmelt sie. Nachdem wir das Schwein geschlachtet haben, sagt die Bankerin: »Wissen Sie, wir haben nämlich keinen Zählautomaten, wir nehmen dann die Münzen und schicken sie weg. Das dauert dann etwa drei Wochen, bis die Ihnen gutgeschrieben sind.«

Drei Wochen? Bringt der Vorstandschef Annas Geld vielleicht persönlich nach Frankfurt? Ich erinnere mich zudem vage, dass wir Steuerzahler bereits die eine oder andere Milliarde in diesen Laden gepumpt haben. Und ich finde: Wer den Pfennig nicht ehrt, ist des Staatskredits nicht wert.

Aber ich will die Sache nicht weiter verkomplizieren. Was soll Anna denken? Also murmele ich nur: »Okay. Geben Sie mir einfach die Quittung.«

Als wir die Filiale verlassen haben, sagt meine Tochter: »Papa, die wollten mein Geld eigentlich gar nicht.«

»Doch, die brauchen jeden Cent«, knurre ich. »Die sind nämlich fast pleite.«

Sie schaut mich mit großen Augen an. »Warum sind die pleite?«

»Gute Frage. Weil sie das Geld, das sie hatten, verplempert haben, nehme ich an.«

Ihre Stimme überschlägt sich. »Aber warum gibst du ihnen dann mein Geld? Ich möchte davon lieber Lillifee-Sachen kaufen. Opa sagt immer: Was man hat, das hat man.«

Ich wiege das leere Sparschwein in meiner Hand. Ich müsste jetzt irgendein gutes Gegenargument bringen. Aber leider fällt mir keines ein.

Dieser Uhrmacher tickt nicht richtig

Mein Sohn Toni spielt Indoor-Weitwurf. Bälle fliegen durchs Wohnzimmer, es folgen Playmobilmännchen sowie ein unidentifiziertes Flugobjekt. Mit lautem Rums knallt das UFO gegen den Türrahmen.

Moment. Ist das nicht meine Armbanduhr?

Mein Herz macht einen Sprung. Die Uhr ist von Fossil, sie war nicht teuer und hat über zwei Jahre auf dem Zeiger. Aber sie war ein Geschenk meiner Mutter, weswegen ich daran hänge. Nun ist das Glas gesprungen. Ansonsten scheint der Uhr nichts passiert zu sein.

Ich überlege, zum Uhrmacher zu gehen. Aber das Glas ist blau gefärbt und weist einen unkonventionellen Schliff auf – vermutlich benötige ich ein Originalersatzteil von Fossil. Deren Kundenservice teilt mir per Mail mit: »Das Originalglas für Ihre Uhr ist derzeit verfügbar.«

Allerdings sende man grundsätzlich keine »Ersatzteile an Privatkunden, da diese nur mit speziellem Uhrmacherwerkzeug montiert werden können«. Stattdessen bietet man mir an, die Uhr einzuschicken. Fossil werde sie dann reparieren.

Das ist doch ausnahmsweise ein positives Kundenerlebnis. Es lohnt sich eben, bei Markenherstellern zu kaufen, denke ich. Kein Hin- und Hergerenne, keine Rumtelefoniererei. Eine Mail genügt, und schon bekommt meine liebe Uhr ein neues Glas.

Zwei Wochen später bekomme ich die Uhr zurück. Als ich das Paket öffne, sehe ich den Sekundenzeiger ticken wie eh und je. Die Uhr scheint unverändert. Das gilt leider auch für das gesprungene Glas. Auf dem beiliegenden Zettel steht: »Ersatzteil nicht vorhanden«.

Ich rufe die Service-Hotline an. »Meine Uhr ist unrepariert zurückgekommen.«

»Tut mir leid. Aber das Gehäuse war nicht vorrätig.«

»Wieso Gehäuse?«, sage ich. »Das Glas war kaputt.«

»Davon weiß ich nichts.«

Ich lasse mich weiter verbinden. Vier oder fünf Telefonate später bietet mir ein anderer Fossil-Mitarbeiter an, das fehlende Uhrenglas an den nächstgelegenen Fossil-Laden zu schicken. Dort könne ich es abholen und zu einem Uhrmacher bringen. Warum man mir das Glas nicht nach Hause schicken kann, weiß der freundliche Mann nicht so genau. Er weiß nur, dass es nicht geht.

Der Fossil-Shop liegt nicht einmal zwei Kilometer von meiner Wohnung entfernt, also meinetwegen. Ich erfahre nun allerdings, dass nicht nur die Abholung des Glases im Store zu erfolgen hat, sondern auch dessen Bestellung. Warum? Auch das weiß der freundliche Mann nicht so genau. Er weiß aber, dass es anders nicht geht.

Ich bestelle im Laden also das Ersatzteil. Meine Uhr behalte ich. Deshalb kann ich durch das geborstene Glas die eingebaute Datumsanzeige sehen. Sie teilt mir täglich mit, dass ein weiterer Tag verstrichen ist, ohne dass der Fossil-Laden mich angerufen hat. Auf Nachfrage erfahre ich jedes Mal, es werde noch ein wenig dauern.

Nach etwa acht Wochen mache ich einen kleinen Hausbesuch. Die Verkäuferin im Fossil-Geschäft ist ganz meiner Meinung: Seltsam sei das alles. Genaueres weiß sie aber nicht. Sie ruft in der Zentrale an.

»Herr König, das Problem ist Folgendes: Ersatzteile können nicht an Fossil-Stores geschickt werden.«

»Aber ich … Sie haben mir doch …«

»Sie müssten die Uhr bei uns abgeben. Wir schicken sie dann ein.«

Verehrter Leser, an dieser Stelle ist eine Entschuldigung fällig. Nach fast 3000 Anschlägen geht es nun nämlich wieder von vorne los. Tut mir leid! Aber ich flehe Sie an, lesen Sie jetzt bitte trotzdem weiter – lassen Sie mich nicht mit diesen verrückten Uhrmachern allein.

Ich kralle meine Finger in die Theke. »Können Sie mir garantieren, dass es dieses Uhrglas noch gibt. Hmmm? Naaaa? Können Sie?«

Sie guckt etwas befremdet. »Ich weiß es nicht. Aber vielleicht weiß es die Zentrale.«

Ich verzichte darauf, ihr zu sagen, was ich inzwischen von ihrer Firmenzentrale halte. Der Reparaturservice, sagt mir die Dame kurz darauf, habe ihr bestätigt: Das Ersatzteil ist vorrätig. Also gut, letzter Versuch – aber wenn das nicht klappt, komme ich mit dem Hammer vorbei. Und dann werde ich dafür sorgen, dass alle Uhren in diesem Shop so aussehen wie meine.

Die Uhr geht per Post erneut zum Reparaturservice. Wenn sie repariert sei, könne ich sie im Fossil-Laden abholen, sagt die Verkäuferin. Die Uhr direkt zu mir nach Hause schicken – das geht nicht, sagt die Fossil-Frau. Warum nicht? Das weiß sie nicht. Sie weiß nur, dass es nicht geht. Ein Mysterium, denn auch die Fossil-Pressestelle reagierte nicht auf eine schriftliche Anfrage.

Eine Woche später gehe ich wieder in das Geschäft, wo man mir die Uhr aushändigt.

Das Glas ist immer noch gesprungen.

»Ihre Reparatur konnte leider nicht ausgeführt werden, Herr König.«

»Hier steht, das Uhrwerk sei kaputt. Aus diesem Grund wurde ja schon der erste Reparaturversuch abgebrochen.«

Ich betrachte meine Uhr. Tatsächlich bewegt sich der Sekundenzeiger nicht mehr. »Beim ersten Versand ging sie doch noch«, protestiere ich. »Und als ich sie letzte Woche bei Ihnen abgegeben habe, da ging sie doch auch.«

»Das weiß ich nicht«, sagt die Fossil-Frau. »Darauf habe ich nicht geachtet.«

Ist klar. Ich muss dann jetzt in den Baumarkt. Uhren gibt es da keine. Aber den einen oder anderen schönen Hammer.

Mein ultimativer Service-Schock

Als der Bildschirm meines PC plötzlich schwarz wurde, da wusste ich: Die nächste Woche kannst du produktivitätsmäßig in die Tonne kloppen. Nicht, weil ich nun nichts mehr schreiben konnte. Sondern, weil ich mich um die Ersatzteilbeschaffung würde kümmern müssen. Dafür muss man in der deutschen Servicewüste schon einige Arbeitstage budgetieren.

Die Vivisektion ergab, dass es das Netzteil der Festplatte erwischt hatte. Ich merkte, wie meine Knie nachgaben. Rasch wankte ich zum Spirituosenregal (alle Journalisten haben eines) und stärkte mich mit einigen Gläschen Portwein.

Es ist nämlich so: Aus Geiz und Schnäppchensucht habe ich die Platte damals bei Lidl gekauft. Eigentlich war ich nur wegen des Tiefkühlspinats da. Aber der Preis der Festplatte war einfach zu verführerisch.

Folglich kann ich jetzt nicht bei Dell oder IBM anrufen, wo ich mir zumindest eine Restchance auf Service ausrechnen dürfte. Sondern bei einer Bude in Soest, die Targa heißt.

Soest? Targa? Beides noch nie gehört. Außerdem habe ich die Rechnung verschlunzt. Der Kauf ist auch schon ein paar Jahre her. Ich betrachte das kleine Gläschen Portwein auf meinem Schreibtisch.

Für diese Nummer werde ich ein größeres Glas brauchen.

Ich ergoogle zunächst die Serviceseite von Targa. Es gibt keine Telefonnummer. Das fängt ja gut an. Ich formuliere mein Anliegen deshalb per E-Mail. Es ist Samstag, 17 Uhr.

Am Sonntagmorgen zur besten Frühstückszeit klingelt mein Telefon. Wer kann das sein? Mutter? Nein. Es ist Targa.

»Guten Morgen, Herr König. Wir rufen wegen Ihres defekten Netzteils an.«

Ich bin zunächst sprachlos. Dann kann ich zumindest ein »To-toll« in den Hörer stammeln.

»Wir schicken Ihnen ein neues. Reicht es, wenn das am Mittwoch bei Ihnen wäre?«

Ich kichere etwas irre.

»Herr König, alles okay bei Ihnen?«

»Äh, ja, Mittwoch wäre super. Was kostet mich das denn? Die Garantie ist ja schon abgelaufen.«

»Nichts.«

»Nichts?! Ku ... Kuku?«

»Genau, Herr König, auf Kulanz. Einen schönen Sonntag noch.«

Ich nuschle ein »Danke« in den Hörer und lege auf. Tanja und die Kinder schauen mich besorgt an. »Du bist so fahl«, sagt meine Frau. »Ist es was Schlimmes?«

»Es geht schon«, sage ich. Dann taumle ich ins Arbeitszimmer. Rückruf! Kulanz! Mittwoch! Auf den Schock brauche ich erst mal einen Portwein.

Der hilflose Lokführer

Er kommt einfach nicht. Ich stehe in Hamburg-Altona, und mein ICE ins heimische München ist bereits 15 Minuten überfällig. Zwar ist mir bewusst, dass laut Stiftung Warentest jeder dritte Fernzug Verspätung hat. Aber dieser kann eigentlich noch keine eingefahren haben, denn er wird, wie das auf »Bahnisch« heißt, erst hier eingesetzt.

Nach einiger Zeit fällt mir ein Herr auf, der ebenfalls auf den Zug wartet. Er hat eine dunkelblaue Jacke an und trägt einen Rucksack mit DB-Anstecker.

»Wissen Sie, warum der Zug nicht da ist?«, frage ich und versuche einen Scherz: »Hat der Lokführer verschlafen?«

Er guckt etwas indigniert. »Ich bin der Lokführer.«

In den folgenden Minuten bekomme ich einen Einblick in die faszinierenden internen Abläufe der Deutschen Bahn AG, die mir seit jeher ein Mysterium sind. Sein ICE, erklärt der Mann, stehe in einem Depot. Dort holt ihn morgens jemand ab und bringt ihn zum Startbahnhof, wo ihn der Lokführer in Empfang nimmt.

In Hamburg existieren zwei solcher Depots nahe den S-Bahn-Stationen Langenfelde und Elbgaustraße. »Manchmal ist der Zug aber nicht da, wo er laut Laufzettel sein soll«, sagt der Lokführer.

»Und dann? Kann man den Zug nicht über Funk lokalisieren?«

Er schüttelt den Kopf. »Nö. Dann fährt der Zubringer mit der S-Bahn zum anderen Depot und guckt, ob der ICE vielleicht dort steht.«

Mit der S-Bahn und per pedes – das kann natürlich dauern. Aus dem Lautsprecher ertönt die Ansage, der ICE nach München verspäte sich um eine halbe Stunde.

»Die wissen offensichtlich mehr als wir«, sage ich.

Der Lokführer schüttelt wieder den Kopf. »Nö. Die schätzen nur.«

Schweigend stehen wir eine Weile auf dem nasskalten Bahnsteig und starren in die Gegend. Aber die Sache lässt mir keine Ruhe: »Sagen Sie, müsste Sie nicht jemand anrufen und mit aktuellen Infos versorgen? Leitstelle oder so?«

Er schaut resigniert. »Uns Bescheid sagen, das machen die kaum noch. Aber jetzt frag ich selber mal nach.«

Der Lokführer nimmt sein Handy aus der Tasche und telefoniert. Als er aufgelegt hat, sagt er: »Hier können wir lange warten. Der Zug fährt gerade auf einem abweichenden Gleis ein.«

Als wir an der anderen Plattform ankommen, stehen dort schon etliche Passagiere. Einige gucken den Lokführer böse an. Ich kann mir vorstellen, was ihnen durch den Kopf geht: »Mann, jetzt komme ich zu spät nach Frankfurt. Und das nur, weil der dämliche Lokführer verschlafen hat.«

Gefangen in der Tarif-Todeszone

Als wir noch in Hamburg wohnten, amüsierte ich mich jedes Mal, wenn meine Frau ein Ticket zu lösen versuchte. Mit großen Augen stand Tanja dann vor dem HVV-Automaten wie ein Eichhörnchen vor einem Hochleistungsrechner. Über fünf Jahre in Hamburg – doch sie kapierte es einfach nicht.

»Von hier bis zum Jungfernstieg. Wie viele Ringe, Tom?«

»Es gibt in Hamburg keine Ringe, Schatz. Nur in München.«

»Aber hier sind doch welche auf dem Plan …«

»… ja, aber die sind nur außerhalb des Großbereichs relevant.«

Sie fuhr mit dem Finger ziellos über den Plan. »Du meinst den Gesamtbereich?«

»Nein, das sind zwei verschiedene Dinge. Drück' einfach die 3.«

»Warum?«

Tja. Warum eigentlich? Keine Ahnung. Weil die 3 eben das Standardticket für Stadtfahrten ist. Als gebürtiger Hanseat weiß ich das. Meiner bajuwarischen Gattin fehlt da einfach der kulturelle Hintergrund.

Nun wohnen wir in München und das Lachen ist mir vergangen. Denn das hiesige ÖPNV-System ist noch viel komplizierter als das hamburgische. Eine Kostprobe: Um von A nach B zu gelangen, müssen Sie zunächst die Zonen zählen. Das sind um den Stadtkern herum angeordnete konzentrische Ringe. Aber Vorsicht bitte, denn Ringe sind diese Zonen nur der Form nach. Man darf sie nicht mit jenen 16 Ringen im tariflichen Sinne verwechseln, die es neben den vier Zonen auch noch gibt. Ringe zählt man, wenn es sich um Zeitfahrkarten oder um Ausbildungstarife handelt. Zonen finden hingegen ausschließlich bei Einzeltickets Anwendung – und bei Streifenkarten.

Letztere bestehen aus zehn Abschnitten. Pro Zone muss man zwei abstempeln. Außer es handelt sich um eine Kurzstrecke, dann nur einen. Als Kurzstrecke gilt jede Fahrt bis zur vierten Haltestelle nach dem Einstieg, jedoch mit maximal zwei S- oder U-Bahn-Haltestellen. All dies gilt selbstverständlich nicht, wenn man jünger als 21 ist. In diesem Fall entspricht jeder Streifen einer Zone. Wer unter 14 ist, muss hingegen immer nur einen Streifen stempeln und braucht überhaupt keine Zonen (oder Ringe) zu zählen, selbst wenn er das in der Schule bereits gelernt hat. Hunde fahren gratis. Aber nur der Ersthund – Zweithunde benötigen eigene Fahrkarten.

Alles verstanden? Gut. Dann müssen Sie es nur noch von der tariflichen Theorie in die Beförderungspraxis schaffen. Die Zonenzählerei ist nicht ganz einfach, weil die Bahnstrecken kreuz und quer durch Zonen (und Ringe) laufen. Wenn Sie eine im Norden verlassen, aber im Süden erneut touchieren, zählt sie zweimal. Erst ab vier Zonen bleibt der Preis konstant. Außer wenn Sie an einem katholischen Feiertag aus südwestlicher Richtung kommen und zwei Pudel dabeihaben.

Unlängst rügte mich meine Frau, weil ich seit Wochen bei jeder Fahrt zu wenig Streifen abgestempelt hatte. »Mensch, zähl' halt die Ringe!«, sagte sie. »Heißen die nicht Zonen?«, fragte ich vorsichtig.

Tanja schüttelte den Kopf und lächelte mitleidig. »In München gibt es keine Zonen, nur in Hamburg.«

Politiker und Stadtplaner halten uns seit Jahren dazu an, den ÖPNV zu nutzen. Aber warum sind die Regeln immer noch so kompliziert? München ist ja beileibe nicht die einzige Stadt, deren Tarifsystem so aussieht, als habe sich bei ihrer Erstellung ein sadistischer Regelfetischist ungehemmt austoben dürfen.

Mit Grauen erinnere ich mich an Frankfurt: Dort hat der Fahrgast über eine Tastatur vierstellige Zielnummern einzugeben, die zuvor einer Tabelle von der Größe eines Wahlplakats zu entnehmen sind. Mit etwas Pech bietet einem der Automat dann noch verschiedene Alternativstrecken an, für die es wiederum Wegnummern gibt. Zudem verzichtet der Rhein-Main-Verbund weitgehend auf Farbleitsysteme oder die Angabe bekannter Orte. Stattdessen steht auf den Schildern Ginheim oder Gonzenheim. Immer.

Ist das ein rein deutsches Phänomen? Die Frage drängt sich auf, denn in London, Paris oder New York käme wohl niemand auf die Idee, 137 verschiedene Tarife mit alphanumerischen Codes einzuführen. Dort gilt das »Eine Fahrt, ein Ticket, ein Preis«-System.

Neulich musste ich ans andere Ende der Stadt. Ich ließ mir sicherheitshalber von meiner Frau erklären, welches Ticket zu lösen war. Trotz dieser Vorbereitung musste ich 40 Euro blechen. »Sie haben nicht entwertet«, schalt mich der Kontrolleur. Das hätte ich in der Tat tun müssen. Da gibt es keine Ausrede, die Regeln sind lupenrein und glasklar: Alle MVV-Einzelfahrkarten müssen vor Fahrtantritt gestempelt werden.

Außer jenen, die im Bus gekauft werden. Und in der Tram. Oder allen, die an S-Bahn-Automaten der Deutschen Bahn gezogen werden. Diese Tickets sind bereits entwertet.

Gleich gibt's was mit dem Hammer

Viele Jahre galt: Du kannst überall im Internet surfen – nur in der Bahn nicht. Das hat sich geändert, zumindest auf einigen ICE-Strecken gibt es inzwischen WLAN. Mit der Verbindungsqualität ist es zwar ähnlich schlecht bestellt wie mit der Pünktlichkeit, aber immerhin. Man kann nun zum Beispiel auf einer Reise von München nach Köln überall im Zug surfen. Fast überall.

Nachdem ich im Stehbistro eine Backkartoffel vertilgt habe, setze ich mich an einen der Tische des Bordrestaurants. Das große Essenfassen ist bereits vorbei, nur ein paar Passagiere sitzen dort beim Kaffee und lesen Zeitung. So ein Heißgetränk möchte ich auch, aber statt Holzmedien bevorzuge ich SPIEGEL ONLINE. Deshalb klappe ich mein Laptop auf und klinke mich ins DB-WLAN ein.

Sofort kommt eine Kellnerin zu meinem Tisch. »Das dürfen Sie hier nicht!«

»Äh, bitte was?«

»Laptopverbot! Steht doch da auf dem Schild.« Sie zeigt auf zwei kleine Symbolbilder über dem Fenster. Darauf sind zwei Monitore zu sehen. Einer wird von zwei Händen bedeckt, den anderen trifft gerade ein Hammer, der Monitor zerbirst. Ich bin ziemlich baff. Das sind sehr drastische Verbotstafeln, ein Fall für die SPIEGEL-ONLINE-Rubrik Schräge Schilder? Ich gucke noch einmal genauer hin. Dann lache ich: »Verzeihung, aber das ist die Anleitung zum Scheibe einschlagen. Für Notfälle.«

Sie legt den Kopf schief. »Hmm, tatsächlich. Laptops sind trotzdem verboten.«

»Aber ich würde etwas bestellen.«

»Können Sie ja. Aber Ihr Laptop belegt den ganzen Tisch, das geht nicht.«

Ich schaue zu dem Herrn neben mir. Er hat sein Tischviertel (plus Toleranzraum) mit großformatigen Autozeitschriften vollgepackt. Eine Dame weiter vorne hat zwei Aktenordner auf ihr Tischchen gewuchtet.

Die Kellnerin steht mit verschränkten Armen neben meinem Platz und wartet.

Ich packe resigniert meinen Laptop ein und bestelle einen Cappuccino. Als die Kellnerin verschwunden ist, murmele ich: »Schwachsinn.«

»Sie macht doch nur ihren Job«, beschwichtigt mich der Automagazin-Mann. »Und so schlimm ist das ja auch nicht.«

Nein, schlimm ist es nicht. Aber Schwachsinn ist es schon. Falls jemand mit seinem Laptop stundenlang einen Restaurantplatz okkupierte, könnte ich die Aufregung verstehen. Ähnliches gälte für laute Telefonate. Aber warum ist ein Laptop a priori verdammungswürdig?

Ich trinke meinen Kaffee und lese die Nachrichten auf dem Smartphone, wogegen dankbarerweise niemand einschreitet. Aber die Sache lässt mir keine Ruhe. Deshalb frage ich beim Twitter-Service der Deutschen Bahn nach, ob das Laptopverbot eine allgemeine Konzernrichtlinie ist – oder lediglich ein origineller Einfall des örtlichen Zugpersonals.

Die Antwort: »Mit Rücksicht auf andere Reisende wurde die Nutzung von Laptops in der Bordgastronomie verboten.« Auch eine Begründung liefert die Bahn mit: »Viele Kunden fühlen sich durch das Tippgeräusch belästigt.«

Nun, das leuchtet ein. Dieses maschinengewehrartige Stakkato nervt natürlich, daran hatte ich nicht gedacht.

Tom König hätte da allerdings noch einen klitzekleinen Vorschlag zur weiteren Verbesserung der gastronomi-
schen Servicequalität. Könnte man vielleicht noch das Zei-
tunglesen verbieten? Wegen des blöden Geraschels. Und
der Kaffeeverkauf sollte auch unterbunden werden. Denn
wenn der Zug ruckelt, klirren die Porzellanbecher immer
so auf den Tischen. Und das kann einem wirklich den letzten Nerv rauben.

Wie mir die Deutsche Bahn Konfuzius erklärte

Manchmal packt mich der bildungsbürgerliche Ehrgeiz. Dann pfeffere ich den seichten Schmöker von Dan Brown in die Ecke und wende mich den großen Denkern zu. Aurel, Luhmann, Nietzsche – Philosophen, die jeder intelligente Mensch studieren sollte.

Oft gebe ich bereits nach wenigen Seiten auf.

So auch bei Konfuzius. Den verstehe ich einfach nicht. Ein Beispiel: Als Konfuzius vom Herrscher von We gefragt wurde, was ein Fürst als Erstes angehen müsse, da sagte der Meister:

»Sicherlich die Richtigstellung der Begriffe. Wenn die Begriffe nicht richtig sind, so stimmen die Worte nicht; stimmen die Worte nicht, so kommen die Werke nicht zustande; kommen die Werke nicht zustande, so gedeihen Li und Kunst nicht: gedeihen Li und Kunst nicht, so treffen die Strafen nicht; treffen die Strafen nicht, so weiß das Volk nicht, wohin Hand und Fuß setzen.«

Richtigstellung. Li. Aha. Konfuzius musste daraufhin in die Ecke, und Dan Brown durfte wieder ins Bett.

Das Problem mit solch theoretischen Texten ist, dass sie keinerlei Bezüge zum realen Leben enthalten. Sobald man die jedoch hinzuzieht, wird undurchdringliche Philosophensemantik mitunter einleuchtend. Auch im Falle von Konfuzius half mir ein anschauliches Beispiel, ein business case sozusagen. Und den lieferte mir überraschenderweise eines meiner Lieblingsunternehmen: die Volldampf-Servicelokomotive aus Berlin, besser bekannt als Deutsche Bahn AG.

Mit meinem vierjährigen Sohn Toni wollte ich im Nacht-
zug von München nach Hamburg fahren. Da der Knirps
manchmal aus dem Bett kullert, fragte ich die Schaffnerin,
ob es einen Rausfallschutz gebe.

»Ich gucke, ob wir noch einen haben«, sagte sie.

Sie ging mit uns ans Abteilende, zu einem Wandschrank,
in dem sich Klopapier und Handtücher befanden. Diesem
entnahm die Zugbegleiterin ein weißes Plastikgestell – den
Rausfallschutz. »Glück gehabt. Ist die letzte Kindersicherung. Die sollten Sie eigentlich vorab bei der Hotline reservieren, die sind immer gleich weg.«

Ich bedankte mich artig und rief zwei Tage vor unserer
Rückfahrt bei der Bahn-Hotline an.

Dideldadeldum.

»König, hallo. Ich hätte gerne eine Kindersicherung reserviert.«

»Eine was?«

»Kindersicherung. Für den CityNightline.«

»Da muss ich Sie in die Reservierung geben, da können
Sie das zubuchen.«

Dideldadeldum. Dumdadeldidel.

»König, hallo. Ich hätte gerne eine Kindersicherung reserviert.«

»Für den ICE?

»Für den CityNightline.«

»Ach so. Der hat eine spezielle Hotline. Kann ich nicht
durchstellen, ich gebe Ihnen die Nummer.«

Dideldadeldum.

»König, hallo. Ich hätte gerne eine Kindersicherung reserviert.«

»So etwas gibt es nicht.«

»Doch, habe ich auf der Hinfahrt gehabt.«

Kriegt die Bahn ihr Chaos jemals in den Griff?

»Aber reservieren kann man die nicht.«

»Die Zugführerin hat gesagt, das gehe.«

»Hmm, okay, dann stelle ich Sie jetzt in die Reservierung.«

»Aber da ...«

Dideldadeldum.

Um die Sache abzukürzen: Ich habe mit fünf Hotlinemitarbeitern telefoniert. Außerdem war ich an zwei Infopoints und habe die Webseite durchforstet. Niemand weiß etwas, keiner hat je von diesem Rausfallschutz gehört. Die Bahn-Pressestelle hingegen versichert: »In jedem Wagen (sind) jeweils zwei Kindersicherungen vorhanden, die bei Bedarf an die Kunden rausgegeben werden.«

Verwirrend, aber vielleicht ist der CityNightline-Zugbegleiter auf unserer Rückfahrt im Bilde? »Rausfallschutz? Haben wir nicht. Und noch nie gehabt«, sagt er im Brustton der Überzeugung. »Deshalb kann man bei der Hotline logischerweise nichts buchen.«

Logisch.

Als ich mit Toni später auf Toilette gehe, kommen wir an dem Vorratsschrank vorbei. Ich weiß, dass der nur fürs Personal ist, aber die Versuchung ist zu groß und überhaupt: Selbst ist der Kunde! Ich mache ihn auf. Drinnen liegt, begraben unter einem Berg Klopapier, der Rausfallschutz.

Als wir später durch die dunkle Republik rattern, schläft der rausfallgeschützte Toni tief und fest. Ich aber liege wach und muss an Konfuzius denken.

Wenn der über die Richtigstellung der Begriffe spricht, dann meint er vielleicht Folgendes: Es ist stets notwendig, das wahre Wesen einer Sache kenntlich zu machen. Der Sinn und Zweck der Richtigstellung ist die Erlangung eines universellen Standards, nach dem sich jeder richten kann. Als der Fürst von We also wissen wollte, wie er seinen chaotischen Sauladen in Ordnung bringen könne, da sagte ihm der Meister (Dan-Brown-Fassung): »Zunächst musst du allen glasklar verklickern, wo oben und unten ist. Jeder muss zunächst einmal kapieren, was wir hier machen und welche Mittel ihm dafür zur Verfügung stehen.«

Das ist mühselig, aber wenn man es nicht macht, »weiß das Volk nicht, wohin Hand und Fuß setzen«. Dann endet man irgendwann wie die Bahn und das eigene Personal weiß nicht mehr, dass es tagein, tagaus ein Fünf-Euro-Plastikgestell durch die Pampa kutschiert. Das ist zugegebenermaßen ein kleines Problem. Aber kleine Probleme sind immer Symptome für die großen. Das wusste schon Konfuzius. Die Bahn weiß es nicht.

Die verschwundenen Bahntrolleys

Meine Idealvorstellung vom Reisen ist es, kaum Gepäck mitschleppen zu müssen. Als Vater zweier Kinder kann ich mir diesen Traum natürlich von der Backe putzen: Wenn vier Personen zwei Wochen lang Urlaub machen, ist das Ergebnis ein riesiger Gepäckberg. Und wer muss den an unserem Umsteigebahnhof Hannover durch das ganze Gebäude wuchten? Ich natürlich. Glücklicherweise haben wir genügend Zeit, und so mache ich mich auf die Suche nach einem Gepäckwagen.

Doch es scheint im ganzen Bahnhof keinen einzigen zu geben. Ich gehe zum Service Point und frage den wachhabenden Bundesbahner: »Entschuldigen Sie, wo finde ich bitte die Kofferkulis?«

»Nirgends.«

»Wie bitte?«

»Wurden alle gestohlen.«

Ich schaue ihn sprachlos an. Dann trotte ich kopfschüttelnd zurück zum Bahnsteig und beginne, die Koffermonster eines nach dem anderen vom Gleis zu schaffen. Als wir einige Stunden später in unserer Heimatstadt München ankommen, starte ich einen neuen Versuch. Wieder Fehlanzeige, auch am hiesigen Hauptbahnhof haben sich die Trolleys getrollt. Ich frage einen Schaffner: »Warum gibt es keine Kofferkulis? Alle gestohlen?« Er nickt und geht weg.

Ob Hannover oder München – viele Bahnhöfe sind inzwischen trolleyfreie Zonen. Die Frage, warum so viele Kofferkulis geklaut werden, ist relativ einfach zu beantworten. Sie bestehen aus Metall, und die Preise für selbiges

Neue Service-Offensive der Bahn

sind in den vergangenen Jahren explodiert. Deshalb werden von professionellen Schrottdieben Leitplanken oder Schilder geklaut, aber eben auch die Kulis.

Schwieriger zu beantworten ist hingegen die sich nahtlos anschließende Frage: Warum um Himmels willen kauft die Bahn dann keine neuen? Wenn beim Supermarkt an der Ecke die Wägelchen abhanden kommen, sagt die Kassiererin den Kunden ja auch nicht: »Sorry! Ab jetzt müssen Sie Ihre Milchtüten selbst schleppen.« Das könnte sich nämlich kein Einzelhändler leisten, niemand käme mehr zum Einkaufen.

Bei einem Monopolisten sieht die Sache natürlich anders aus.

Die Deutsche Bahn AG argumentiert, Kofferkulis seien betriebswirtschaftlich nicht tragbar: »Der Bahn entsteht durch Vandalismus und Diebstahl ein Schaden von rund zehn Millionen Euro im Jahr«, schrieb mir ein Sprecher. Mal abgesehen davon, dass die Bahn bisher nicht ernsthaft versucht hat, den Kuliklau durch flächendeckende Technik (Wegfahrsperren, Pfandsystem) einzudämmen: Kundenservice kostet eben leider ein bisschen Geld. Und dass sich ein Konzern mit über 34 Milliarden Euro Jahresumsatz die paar Kulis (Kostenpunkt 450 bis 1000 Euro je Stück) nicht leisten kann, erscheint mir unglaubwürdig. Können könnte er – aber wollen will er wohl nicht.

Weil die Deutsche Bahn vermutlich selbst weiß, wie windig das Kostenargument wirkt, erklärt sie ferner, »die Verfügbarkeit von Kofferkulis« sei für ihre Kunden »laut einer Zufriedenheitsumfrage von geringer Bedeutung, da viele Reisende Rollenkoffer nutzen«. Die Bahn versteigt sich dabei gar zu der Behauptung, lediglich ein Prozent der Fahrgäste nutze überhaupt Trolleys. Aber wenn niemand

die Dinger benötigt – wieso stehen sie dann an jedem Flug-
hafenterminal? So unterschiedlich kann das Nutzungsver-
halten an Bahnhof und Airport ja wohl nicht sein.

Es wäre ja nichts dagegen einzuwenden, wenn die Bahn
die Zahl ihrer Kulis – der Heerscharen von Rollkofferbe-
nutzern eingedenk – einschränkte. Aber einen Service ab-
zuschaffen, der vor allem Familien, Senioren und körper-
lich behinderten Menschen hilft, auf diese Idee können
eigentlich nur Manager kommen, die noch nie mit ihrer
Familie im Zug gereist sind.

Frankfurt am Main, Augsburg, Göttingen oder Berlin –
all diese Bahnhöfe bieten inzwischen keine Trolleys mehr
an. Zunächst waren daran die Schrottdiebe schuld. Inzwischen ist die Sache jedoch ganz offiziell. Die Bahn teilt mit:
»Das Serviceangebot Kofferkulis läuft an vielen Stationen
sukzessive aus.«

Der Preis ist Glückssache

Seit einiger Zeit toure ich als Vortragsreisender durch die Republik und häufe dabei Reisespesen an. Solange ich mit Bahn oder Auto unterwegs bin, ist das unproblematisch. Aber sobald ich fliegen muss, kommt es immer wieder zu folgender Diskussion:

> Veranstalter: Was kostet uns denn Ihr Flug von München nach Berlin?
> König: Das, was auf dem Ticket steht.
> Veranstalter: Aber Sie müssen mir doch den exakten Preis sagen können.
> König: Leider nein.
> Veranstalter: Also mit Air Berlin bin ich letzten Monat für 150 Euro …

Und so weiter. Ich habe München–Berlin schon für 100 Euro geschafft; ein anderes Mal musste ich 600 Euro blechen. Ich würde meinen Veranstaltern gerne die genaue Summe mitteilen, aber kaum etwas ist unwägbarer als die Ticketpreise der Airlines. Voraussagen sind da praktisch unmöglich, eher glaube ich Dax-Prognosen oder dem 14-Tage-Wetterbericht.

Die Ticketpreise werden täglich zigmal neu berechnet. Auch andere Branchen arbeiten mit solchen Yield-Management-Systemen, aber keines ist so ausgefeilt wie das der Fluglinien. Man könnte auch sagen: Keines ist derart irrwitzig und nervtötend.

Dass die Preise nach Angebot und Nachfrage berechnet werden, ist nur die halbe Wahrheit. Weitere Faktoren scheinen eine Rolle zu spielen, etwa Tageszeit, Zugehörigkeit zu Vielfliegerprogrammen, von Reiseveranstaltern reservierte Kontingente und vieles mehr. Das Resultat ist ein für den Kunden völlig undurchsichtiges System. Es macht jede Reiseplanung zu einem langwierigen Hin und Her, dem Geschacher auf einem Basar nicht unähnlich. Lufthansa oder Air Berlin? Ist der Air-France-Flug bei Expedia. de vielleicht günstiger als auf Airfrance.de?

Vor einiger Zeit wollte ich von München nach Lissabon. Während die Lufthansa für den Rundflug etwa 350 Euro aufrief, bot die Swissair, eine Lufthansa-Tochter, die Strecke für unter 90 Euro an. Den ersten Teil der Reise bis Zürich absolvierte ich in einer LH-Maschine – mit vielen anderen Passagieren, die für ihr Lufthansa-Ticket vermutlich viel mehr bezahlt hatten als ich für mein Swiss-Billett.

Weil das System so byzantinisch ist, kursieren unter Reise-Nerds allerlei seltsame Theorien. Zum Beispiel, dass am Mittag zu buchen ein No-go ist. Oder dass Tickets dienstagabends am billigsten sind. Ich würde auf diesen Quatsch gerne verzichten und einen höheren Preis akzeptieren, wenn mir die Airlines im Gegenzug garantierten, dass mich ein Flug zwischen zwei deutschen Großstädten stets 300 Euro kostet. Sogar dienstagabends.

Die Argumentation der Airlines lautet: Leere Sitze sind entgangene Umsätze. Anders als Pullover oder Autoreifen kann man sie nicht zu einem späteren Zeitpunkt erneut auf den Markt werfen.

Das ist meiner Ansicht nach eine Ausrede. Kinobetreiber haben schließlich dasselbe Problem. Trotzdem haben deren Plätze einen festen Preis. Auch Airline-Finanzer könnten die Grenzkosten eines Sitzes errechnen (unter Berücksichtigung der durchschnittlichen Auslastung). Dies hätte freilich zur Folge, dass jeder Verbraucher plötzlich wüsste, wer welche Strecke am billigsten bedient. Könnte es sein, dass die Airlines vor so viel Transparenz Angst haben?

Interessant ist in diesem Zusammenhang eine Studie des Mathematikers Carl de Marcken. Er untersuchte die Preisalgorithmen von Airlines. Sein Ziel: das billigste Angebot für einen Flug von Boston nach San Francisco (und zurück) zu finden. De Marckens Team errechnete dafür 25 Millionen möglicher Varianten – für eine Airline, wohlgemerkt. Bei einem Dreiecksflug wären es noch viel mehr, etwa etwa 10^{36}. Druckte man alle diese Tickets aus und legte sie hintereinander, dann reichten sie von hier bis zum vier Lichtjahre entfernten Proxima Centauri.

Aber welches der Angebote war das billigste? Das konnte de Marcken nicht herausfinden, denn die Preis-Algorithmen waren derart komplex, dass es auf diese Frage, mathematisch betrachtet, keine Antwort gab. Zumindest keine schnelle: Selbst ein Supercomputer brauchte mehrere Milliarden Jahre, um das preiswerteste Ticket zu finden.

Selbst schuld, wenn Sie hier Kunde sind

Kerosinzuschlag, Servicecharge, Buchungsgebühr – kaum eine andere Branche rechnet auf den Endpreis so viele Extras drauf wie Fluglinien. Daran habe ich mich gewöhnt, und so wunderte ich mich zunächst auch nicht, als auf der Buchungsseite der Lufthansa ein mir bis dato unbekannter Obolus auftauchte: Er war als OPC vermerkt, als Optional Payment Charge, und verteuerte meinen Flug um fünf Euro.

Eine Gebühr für optionale Zahlungen? Ich war ratlos. Einige Tage später frage ich vor dem Abflug die Lufthansa-Dame am Gate, was für eine Gebühr das denn sei.

»Der OPC fällt an, wenn Sie mit Kreditkarte zahlen«, erklärt sie mir. Das sei seit Kurzem so.

Dass Kunden der Lufthansa jetzt jene Gebühren übernehmen sollen, die Mastercard oder Visa von der Airline für Transaktionen fordert, erscheint mir kühn. Dennoch sehe ich die Sache gelassen.

»Na, das betrifft mich ja nicht«, entgegne ich.

Die Schalterdame blinzelte verständnislos. »Wieso nicht?«

Ich halte ihr meine goldene Lufthansa-Miles-&-More-Kreditkarte unter die Nase. »Nun, weil ich eine von Ihnen habe. Die Lufthansa wird ja wohl keine Gebühr für ihre eigenen Karten kassieren.«

Da ich des Öfteren fliege, habe ich mir Plastikgeld mit dem Kranichlogo zugelegt. Die Jahresgebühr von 85 Euro ist zwar happig, dafür werden mir meine Meilen aber automatisch gutgeschrieben. Und ich bekomme für jeden ausgegebenen Euro eine Extrameile – wodurch sich die Zahl der gesammelten Bonuspünktchen bei einem Inlandsflug in der Regel mehr als verdoppelt.

»Tut mir leid, Herr König.« Der Servicemitarbeiterin scheint etwas unwohl zu sein. »Aber der OPC gilt für alle Kreditkarten.«

Weil ich das nicht glauben will, erkundige ich mich beim Miles-&-More-Servicecenter. Dort bestätigt man mir, dass meine Karte deutlich weniger Premium bietet, als ich bisher angenommen hatte: »Wir bitten Sie um Verständnis, dass Lufthansa die eigenen Kartenprodukte nicht ausnehmen kann.«

Verständnis? Nicht einen Funken. Selbstverständlich könnte die Lufthansa ihre eigenen Kreditkarten von der Gebühr ausnehmen. Sie müsste es sogar tun, aus purem Eigeninteresse.

Zwar ist nicht jeder, der eine M-&-M-Kreditkarte besitzt, ein Jetsetter mit Senatorstatus. Ich zum Beispiel habe mein Vielfliegerlametta schon vor Jahren verloren. Aber selbst einem Marketingpraktikanten sollte klar sein, dass derlei kostenpflichtige Karten nur von Kunden genutzt werden, die zumindest zehn bis fünfzehn Flüge pro Jahr absolvieren. Also jene, die geschäftlich fliegen. Die guten Kunden, nicht die Für-29-Euro-nach-Malle-Fraktion.

Und diesen wertvollen Kunden zeigt der Kranich mit dem OPC die ausgestreckte Handschwinge.

Originell auch der Name »Optionales Zahlungsmittelentgelt«: Er suggeriert, man könne ja alternativ per Lastschrift oder bar zahlen. Kann man, aber die Lufthansa-Karte verliert dann natürlich ihre Raison d'Être: ihrem Besitzer Extrameilen zu bescheren.

Seltsam ist zudem, dass der OPC entfernungsabhängig ist. Die Lufthansa staffelt die Gebühr nach Inland (5 Euro),

Kontinentaleuropa (8 Euro) und dem Rest der Welt
(18 Euro). Ein Sprecher sagt, die Kosten für den Verkäufer würden bei Kreditkartenbuchungen prozentual zum Umsatzbetrag berechnet; deshalb sei der OPC bei längeren Flügen höher.

Das mag manchmal zutreffen – mitunter kommt man aber billiger nach New York als nach Hamburg. Warum nimmt die Lufthansa also nicht die realen Ticketkosten als Grundlage? Aus Liebe zur Transparenz, natürlich: Durch den gestaffelten OPC sei »eine bessere Kalkulierbarkeit des Ticketpreises für den Endkunden gewährleistet«.

Die Staffelung gilt jedoch nur in Deutschland und der Schweiz. Bucht man bei der Lufthansa in Finnland, Belgien, Großbritannien und Holland, dann ist die Gebühr fix, egal, wohin man will. All diese Information muss man übrigens mühsam recherchieren. Die Lufthansa verliert auf ihrer Webseite nicht ein einziges Wort dazu. Ihr Servicecenter ignorierte meine Bitte, mir die OPC-Konditionen genau aufzuschlüsseln. Die meisten Angaben stammen aus einem internen Schulungsdokument, das Tom König zugeflattert ist.

Vielleicht tausche ich meine Kranichkarte gegen eine Kreditkarte der Deutschen Bahn ein. Denn die erhebt bei Kreditkartenzahlungen bislang keinen Payment Charge – weder für Vielfahrer noch für den Rest ihrer Kundschaft.

Im Sitzen gibt's kein Waffeleis

Lauffaul ist er nicht. Er rennt schließlich dauernd mit leerem Tablett den Gang zwischen den Tischreihen auf und ab. Fünfmal ist der Herr Ober schon an mir vorbeigelaufen, beim sechsten Mal fasse ich mir ein Herz: »Ein Radler, bittschön.« Er schaut mich an, als ob ich nach Koks gefragt hätte. Dann schnauzt er: »Diese Seite ist nicht eingedeckt!«, und macht sich davon.

Es ist Biergartenzeit, und ich befinde mich seit Wochen auf beinharter Feldrecherche. Ich sitze in Cafés herum und beobachte Kaffee schlürfend die Kellner, während mir die bayerische Sonne den Kolumnistenschädel versengt. Harte Arbeit ist das, aber es geht nicht anders.

Denn ich will herausfinden, wie es um ein altes Vorurteil bestellt ist, vielleicht das Urvorurteil, wenn es um schlechten Service in Deutschland geht. Es lässt sich in einem Satz zusammenfassen: »Draußen gibt's nur Kännchen.«

Die Kännchen-Regel ist zum Synonym geworden für Dienstleister, denen die Bedürfnisse ihrer Kunden am Allerwertesten vorbeigehen. Die Popularität des Zitats liegt darin begründet, dass es perfekt einen Missstand beschreibt, der hierzulande weit über die Gastronomie hinaus verbreitet ist.

Nämlich: Der Wirt hat Kaffee, und der Kunde will einen. In anderen Ländern wäre das der Beginn einer wundervollen Freundschaft. Nicht aber in der germanischen Servicesahara, wo dem Wunsch nach einer Tasse die Forderung entgegengesetzt wird, doch bitte schön gleich drei zu saufen. Das Ganze ist fast beliebig übertragbar auf Banken, Kfz-Werkstätten oder Supermärkte. Stets gibt es irgendwelche Hausregeln, Prinzipien oder Notwendigkeiten, die den Kundenwünschen entgegenstehen.

Nach intensiver Outdoor-Recherche zunächst die gute Nachricht: Es gibt in den meisten Cafés gar keine Kännchen mehr. Das wirkt konfliktentschärfend, hat aber nichts mit verbessertem Service zu tun. Sondern damit, dass man Kaffee heutzutage aus Bechern trinkt, die größer sind, als es Kännchen je waren.

Die schlechte Nachricht: Die Chancen, draußen zuvorkommend bedient zu werden, sind immer noch winzig. Gefühlt gilt das vor allem in München. Hier treibt mitunter Servicepersonal sein Unwesen, das seit seiner Lehre in der DDR-Mitropa nichts dazugelernt hat.

Neulich etwa saß ich am Münchner Gärtnerplatz einem jungen Mann mit Hornbrille gegenüber, Typ introvertierter Intellektueller. Er blätterte in einer englischen Camus-Ausgabe. Als die Kellnerin kam, schaute er sie schüchtern an und sagte mit stockender Stimme: »Sprekken Sie Inglisch?« Woraufhin sie eisig lächelte und erwiderte. »Und? Was, wenn nicht?« Nur dank meines beherzten Eingreifens verdurstete er nicht.

Lange glaubte ich, dass die abgebrühtesten Servicekräfte in Callcentern arbeiten. Für weniger als zehn Euro die Stunde muss man sich dort von Dimpfeln beschimpfen lassen, deren Shakira-Klingelton nicht funktioniert – ein eisenharter Job. Doch nach vielen Stunden Sommergastronomie glaube ich: Die richtig Harten kommen in den Biergarten.

Ob es an den ganzen betrunkenen Gästen liegt? Man kann nur mutmaßen. Sicher ist jedoch, dass man hier Kellner kennenlernen kann, aus deren Wesen der letzte Rest Konzilianz gewichen ist. Sicher kennen Sie den Serviceklassiker »Das ist nicht mein Tisch«. Aber kennen Sie auch Version 2.0?

Die geht so: Nach dem x-ten Versuch, bei der für meinen Tisch zuständigen Servicekraft etwas zu ordern, verdonnere ich irgendeinen anderen Kellner zur Lieferung eines Weißbiers. Sekunden später steht »meine« Kellnerin vor mir und donnert: »Warum bestellen Sie nicht bei mir? Unverschämt ist das!«

Da sehnt man sich nach einem Dosenbier an der Nachttanke.

Rüdes Verhalten und Schneckentempo begegneten mir oft, aber der alte Kännchen-Esprit schien verloren gegangen zu sein. Nie traf ich auf diesen legendären teutonischen Starrsinn, der die Regel stets vor das Kundenbedürfnis setzt. Bis, ja, bis ich mit den Kindern und meiner Frau Eis essen ging.

In Schwabing gibt es ein schönes Eiscafé, mit Tischen und Thekenverkauf. Für Anna und Toni wollten wir Eis in der Waffel bestellen. Laut Karte gab es jedoch nur Becher. Als ich der Kellnerin meinen Wunsch mitteilte, setzte sie ein Gesicht auf, das gut in eine Postfiliale gepasst hätte, anno 1975.

»Waffel gibt es hier nicht.«

»Doch. Da.« Ich zeigte auf die etwa fünf Meter ent-
fernte Eistheke, wo Angestellte Waffeleis im Dutzend
raushauten.

Sie schüttelte den Kopf. »Geht nicht am Tisch.«

»Dann bestellen wir bei Ihnen jetzt Kaffee und Kuchen,
und die zwei Tüten hole ich selbst.«

»Dann dürfen Sie hier nicht sitzen.«

Der Geschäftsführer des Ladens erklärte mir später auf
Anfrage, Theken- und Tischverkauf würden unterschiedlich besteuert. Selbstbedienung mit sieben, Servicebereich
mit 19 Prozent. Deshalb ginge das nicht.

Gut zu wissen. Wenn Toni das nächste Mal nölt, weil er
kein »Schleckeis« bekommt, verweise ich ihn einfach auf
UStG § 12, Abs. 2. Dann ist Ruh'.

Trotzdem fand ich das Erlebnis irgendwie beruhigend.
Deutscher Service bleibt eben deutscher Service. »Draußen gibt's nur Kännchen« ist mir den ganzen Sommer über
nirgendwo begegnet. Aber »Im Sitzen gibt's kein Waffeleis« ist, so finde ich, ein würdiger Nachfolger.

Mist, meine Ex räumt mein Konto leer

Neulich, am Zigarettenautomaten, fehlte mir das Kleingeld. Irgendwer musste es aus meinem Portemonnaie gemopst haben, und ich ahnte auch schon, wer. Als ich Annas Zimmer betrat, wurde aus Verdacht Gewissheit: Jene nagelneuen Lillifee-Sammelkarten, die sie gerade sortierte, waren der Grund dafür, dass ich nichts zu rauchen hatte.

»Kein Taschengeld, diese Woche«, sagte ich. »Weil du mir sechs Euro schuldest. Und nächste Woche auch keins, weil man nicht einfach in fremder Leute Geldbeutel greift.«

Achtjährige Mädchen sind ganz schön dreist. Als mildernden Umstand sollte man vielleicht anführen, dass sich viele Unternehmen ganz ähnlich verhalten. Wie ich kürzlich bei einer Durchsicht meiner Kontobelege feststellen musste, greift mir mein Ex-Internetanbieter 1&1 seit fast einem Jahr fröhlich weiter in die Tasche. Ich hatte meinen Hostingvertrag gekündigt (womit auch die Einzugsermächtigung erloschen war). 1&1 sah das anders und meinte, ich müsse weiter zahlen. Deshalb buchten sie Geld ab.

Eigentlich sollte das Bankkonto ein *sanctum sanctorum* sein, bestens geschützt vor den Zugriffen Dritter. Denn, um den Slogan eines Finanzinstituts zu zitieren: »Schließlich ist es mein Geld«. Die Realität sieht anders aus. Sie nennt sich Lastschriftverfahren und funktioniert, überspitzt gesagt, nach dem Prinzip des offenen Portemonnaies: Ein Unternehmen kann seine Hausbank anweisen, von meinem Konto Geld einzuziehen. Die Firma muss ihrer Bank dazu keinerlei Verträge oder Lastschriftermäch-

tigungen vorlegen, sondern lediglich in einem Inkassover-
trag allgemein versichern, dass sie sich korrekt verhält.

Per sogenannter Pull-Zahlung saugt die Geschäftsbank
das Geld des Kunden nun ab. Dazu muss sie seiner Bank
keinerlei Legitimation vorlegen – und die fragt auch nicht
nach. Sie lässt es einfach geschehen.

Solange es sich bei allen Beteiligten um ehrbare Kauf-
leute handelt, funktioniert dieses System auf Vertrauens-
basis reibungslos. Sobald aber Kerle wie mein DSL-Anbieter mit von der Partie sind, wird der Systemfehler offenbar.

Ich bat meine Bank, rund 50 Euro für mich zurückzuho-
len. Da ich keinen Vertrag mehr mit der Internetfirma 1&1
habe, durfte sie mir, so fand ich, nichts abbuchen. Rechtlich eine klare Sache, aber die Bank beschied mir, die Ein-
spruchsfrist betrage lediglich sechs Wochen. Der Zug sei
somit – leider, leider – abgefahren.

So etwas verjährt jetzt nach sechs Wochen? Das war
mir neu. Ich überlegte, die nächste Filiale aufzusuchen,
die Schrotflinte im Anschlag. Mit einem Sack voller Geld
würde ich mich davonmachen. Acht Wochen später, wenn
mich die Polizei irgendwo in Südspanien stellte, würde ich
ihnen ins Gesicht lachen: »Die sechs Wochen sind um. Das
gehört jetzt alles mir!«

Der schöne Plan scheiterte leider daran, dass mein Geld-
institut eine Onlinebank ist und keine Filialen unterhält.
Stattdessen recherchierte ich ein bisschen in Sachen Lastschrift (auf eine Bitte um Stellungnahme reagierte meine
Bank nämlich nicht). Mein Eindruck ist, dass fast alles, was
einem Banken zu diesem Thema erzählen, Kappes ist.

1. Kappes: die ominöse Sechs-Wochen-Frist. Stattdessen gilt: Unrechtmäßige Lastschriften muss die Bank zu-
rückholen, wenn sie binnen 13 Monaten moniert werden.

Dies verschweigen einem Sachbearbeiter jedoch gerne. Warum? Vielleicht aus Bequemlichkeit. »Wenn das Quartal schon durch ist, wird eine Rücklastschrift sehr aufwendig«, sagt ein Banker.

2. Kappes: Regelungen des »Abkommens über den Lastschriftverkehr« werden von Bankern gerne als »Rechtsgrundlage« bezeichnet. Das ist insofern Unfug, als es sich lediglich um eine Interbanken-Vereinbarung handelt, welcher der Kunde nicht beigetreten ist. Wenn sich eine Bank von Halunken um Kundengeld erleichtern lässt, dann stehen natürlich allen Beteiligten die normalen gesetzlichen Fristen für Betrugsdelikte, Schadensersatz etc. zu.

3. Kappes: Es ist angeblich unmöglich, sein Girokonto für einzelne Firmen sperren zu lassen. Technisch wäre dies sehr wohl umsetzbar. So könnte man online ein Menü anbieten, über das der Bankkunde Firmen einzeln zulassen oder sperren kann. So ist es etwa in Großbritannien oder den Niederlanden. Die deutschen Banken haben schlichtweg keine Lust dazu – zu aufwendig, zu kompliziert.

Das Lastschriftverfahren erspart den Banken in der jetzigen Form Arbeit und bürdet den Kunden viele Ärgernisse und Risiken auf. Es wird zwar demnächst ein neues, europaweites Verfahren namens SEPA geben, das aber im Kern genauso wie das jetzige funktioniert.

Der Bankenverband argumentiert, angesichts von sieben Milliarden jährlich durchgeführten Buchungsvorgängen sei die Zahl der Betrugsfälle gering, das System funktioniere.

Ich bin mir da nicht so sicher. Wie viele Menschen kontrollieren alle vier Wochen ihre Kontoauszüge? Wie hoch ist die Dunkelziffer? Welche Auswirkungen haben Online-Gaunereien wie Phishing und Harvesting? Die einzige verlässliche Zahl fand ich in der Kriminalstatistik des BKA. Danach haben Kontoeröffnungs- und Überweisungsbetrügereien von 2005 bis 2010 um 75 Prozent auf 19 520 gemeldete Delikte zugenommen.

Vergangene Woche hat mein DSL-Anbieter erneut hingelangt. Verhindern konnte ich den Zugriff auf mein Konto nicht. Ich muss weiter warten, bis die Herren Banker miteinander über mein verschwundenes Geld geredet haben. Der Kundenservice meines Instituts schreibt: »Erst, wenn uns die Empfängerbank keine gültige Einzugsermächtigung vorlegen kann, kann eine Rückgabe der Lastschriften erfolgen.«

Es sieht so aus, als ob ich das Geld, das Anna mir schuldet, deutlich schneller zurückbekomme als die inzwischen 80 Euro, die von meinem Konto verschwunden sind.

Das Mostrich-Mysterium

Die Frau hinter dem Tresen greift achtlos in eine Schublade, entnimmt ihr eine Handvoll Ketchupbeutel und knallt sie auf mein Tablett. Mir würde für meinen »Quarterpounder With French Fries« eine Portion völlig genügen, jetzt habe ich fünf. »Was kosten die?«, frage ich.

»Entschuldigung, Sir?«

»Wie viel so ein Beutel Ketchup kostet«, wiederhole ich.

Sie schaut mich an, als ob ich ein bisschen weich in der Birne wäre. »Natürlich nichts.«

Natürlich. Wie konnte ich das vergessen? Wir sind hier schließlich in den USA, und es ist das gottgegebene Recht jedes Amerikaners, sich so viel Heinz-Ketchup über seine Pommes zu gießen, wie er möchte – und zwar ohne Aufpreis. Vermutlich steht das irgendwo in den Verfassungszusätzen, gleich hinter Freier Rede und Feuerwaffen.

Einige Wochen später gehe ich erneut zu McDonald's, aber nicht auf der East 14th Street, sondern auf der Landsberger in München. Der Ketchup ist hier nicht von Heinz, sondern von Develey und kostet 20 Cent je Beutel. Während ich auf meinem Royal mit Käse herumkaue, sinniere ich darüber, wieso das eigentlich so ist. Warum muss ich für jeden Milliliter Ketchup zahlen, während ich mir umsonst literweise Cola nachfüllen darf?

Oder allgemeiner formuliert: Warum kosten manche Dinge extra und andere nicht?

Für die Beilagenänderung werden in meiner Stammwirtschaft 50 Cent fällig. Ebenso zahlen muss ich für die Plastiktüte im Supermarkt, die Toilettenbenutzung beim örtlichen Burger King (Frechheit!) und den Parkplatz in der Tiefgarage des Shoppingcenters.

Andere Dinge gibt es für lau: die Joghurtsoße auf dem Döner zum Beispiel, und außerdem das Glas Çay dazu. Im Coffeeshop ist Zucker, der ja gewissermaßen der Ketchup des Kaffeehauses ist, eine Dreingabe. Und wenn ich sage, dass ich ganz ein Süßer bin, wird der Barista das Gleiche tun wie die amerikanische McDonald's-Verkäuferin: Mir so viele Tütchen geben, wie ich möchte. Und zwar umsonst.

Logisch ist das nicht. Der Zuckerpreis stieg in den vergangenen zehn Jahren ganz erheblich, von 5,26 je Pfund (Februar 2002) auf 24,05 US-Cent (Februar 2012). Trotzdem blieb Zucker gratis, genauso wie die Amaretti, die es zum Cappuccino gibt. Ketchup hingegen ist, trotz zuletzt stark gefallener Tomatenpreise, noch immer kostenpflichtig.

Für König Kunde sind solche Regelungen kaum nachvollziehbar. Sie entspringen überlieferten Gewohnheiten und haben nur wenig mit betriebswirtschaftlicher Logik zu tun. Um das zu dokumentieren, hier ein wenig Imbissökonomie:

In der durchschnittlichen deutschen Pommesbude wird für »rot« oder »weiß« ein Aufpreis von 40 Cent fällig. Wenn ich statt der Pommes jedoch eine Bratwurst ordere, gibt es den Senf dazu geschenkt. Warum? Weiß kein Mensch. Der Großhandelspreis für einen Portionsbeutel Markensenf liegt bei etwa vier Cent. Der für ein Tütchen Markenketchup liegt ebenfalls bei vier Cent.

Man muss der Fairness halber sagen, dass die Senfbeutel eine etwas geringere Füllmenge aufweisen. Aber aus Imbissbetreibersicht sind die anfallenden Grenzkosten für Extrasoße je verkauftem Gericht identisch. Trotzdem ver-

schenkt der Imbiss den Mostrich, während er bei der To-
matentunke schwindelerregende 900 Prozent aufschlägt.
Wieso kocht die Pommesbude nicht auch den Bratwurst-
esser ab? Wieso lässt sie sich so eine Riesenrendite entge-
hen?

Vermutlich ist es das gottgegebene Recht jedes Deutschen, sich so viel Senf auf seine Thüringer zu schmieren,
wie er möchte. Die Würde der Wurst ist unantastbar – das
steht, glaube ich, sogar irgendwo im Grundgesetz.

Du kannst gehen,
aber deine Daten bleiben hier

Es gibt Onlinedienste, die lassen sich kaum noch wegdenken, wie Facebook oder PayPal. Sie sind unverzichtbar geworden, und das ist nicht nur meine Meinung. Die genannten Firmen sehen das genauso. Sie sind überzeugt, dass es ohne sie nicht mehr geht.

Ergo sind Versuche des Nutzers, sich wieder auszuklinken, nicht ernst zu nehmen. Derlei Fluchtversuche sind in den Augen der Diensteanbieter kurzfristige Verirrungen, temporäre Zickigkeiten. Am Ende kriecht der Konsument ja ohnehin zu Kreuze.

Folglich muss man seine Daten auch nicht löschen.

Wer etwa versucht, sein Facebook-Konto zu tilgen, bekommt mitgeteilt, dieses sei nun »deaktiviert«. Die Daten bleiben also auf irgendeinem Server, in alle Ewigkeit. Das beunruhigt mich nicht sonderlich; wenn Facebook meine Farmville-Meldungen und all die Videos tanzender Pinguine auf immerdar behalten möchte – sei's drum. Anders verhält es sich bei PayPal. Dort sind meine Kontoinformationen und Kreditkartendaten hinterlegt. Die möchte ich eigentlich gelöscht wissen, wenn ich kündige.

Wie ich inzwischen jedoch weiß, hat kaum ein Onlinedienst seine Nutzer so lieb wie PayPal. Loslassen können die nicht. Im Vergleich mit der eBay-Tochter besitzt Glenn Close, Michael Douglas' psychopathische Geliebte in »Eine verhängnisvolle Affäre«, eine geradezu hohe Trennungskompetenz.

Meine verhängnisvolle Affäre mit PayPal begann irgendwann um die Jahrtausendwende. Damals verwendete ich den Treuhanddienst vor allem für eBay-Auktionen. Irgendwann beschloss ich, das Konto zu schließen. Anno 2004 musste man dazu mit einem PayPal-Servicecenter in London telefonieren, wo man mir versicherte, meine Daten würden gelöscht.

Sieben Jahre später legte ich mir ein neues PayPal-Konto an. Dabei bekam ich eine Fehlermeldung: Mein Girokonto sei bereits mit einem anderen Account verknüpft. Daraus lässt sich nur eines folgern: PayPal hatte mein altes Konto nie gelöscht, entgegen meiner Bitte, entgegen einer anders lautenden Zusicherung.

PayPal erklärt dazu: Wenn man sein Konto schließe, versehe die Firma den Account in seiner Datenbank mit dem Status »Geschlossen«. »Ihre Kontodaten werden jedoch nicht gelöscht. Dies ist erforderlich, um betrügerische Aktivitäten zu unterbinden.« Das stehe so auch in den Nutzungsbedingungen. Im Bundesdatenschutzgesetz (§ 35) steht etwas anderes: »Personenbezogene Daten sind zu löschen, … sobald ihre Kenntnis für die Erfüllung des Zwecks der Speicherung nicht mehr erforderlich ist.«

Trotz dieses Ärgernisses blieb ich PayPal-Kunde (ich war es ja offenbar ohnehin die ganze Zeit gewesen). Denn PayPal ist inzwischen eben kein obskures Zahlungsmittel für eBay-Krämer mehr, sondern so wichtig wie eine Kreditkarte. Ich knirschte also ein bisschen mit den Zähnen und ließ die Sache auf sich beruhen.

Bis zum Dezember 2010. Da erfuhr ich, PayPal habe Julian Assanges Enthüllungsportal Wikileaks das Konto gesperrt, damit dieser keine Spenden mehr einwerben könne. Nicht auf richterliche Anweisung, nicht wegen des Verdachts auf Geldwäsche, sondern, so schien es mir, aus vorauseilendem Gehorsam gegenüber der US-Regierung. Mich ärgerte das. Ich kündigte mein Konto.

Es dauerte nicht lange, bis mich der Nichtbesitz eines PayPal-Kontos in die Bredouille brachte. Eine Software, die ich dringend benötigte, ließ sich nur per PayPal bezahlen, dito ein paar Konzerttickets und ein antiquarisches Buch aus den USA. Also wieder Mitglied werden? Schwierig. Was würde Julian Assange von mir denken?

Glücklicherweise gab es eine Lösung: die PayPal-Einmalzahlung. Damit kann man den Dienst auch ohne Mitgliedsaccount für einzelne Transaktionen verwenden. Ich nutzte also fortan PayPal, ohne bei PayPal zu sein. Digitales Pharisäertum? Ohne Zweifel. Aber wer von euch ohne Sünde ist, der schicke die erste Hatemail.

Und dann passierte es: Bei der dritten oder vierten Einmalzahlung stand dort plötzlich: »Sie haben einen PayPal-Account«. Darunter befand sich ein orangefarbener Loginbutton. Ich klickte ihn.

Und schon war ich drin, mein Konto sah noch genauso aus wie vor der Löschung. Alle Daten waren da, inklusive Girokonto und Kreditkarte. Na dann: Willkommen zu Hause. Widerstand ist offenbar zwecklos.

Ohne Stempel gibt's dich nicht

An die orangefarbenen Benachrichtigungskarten im Briefkasten habe ich mich bereits gewöhnt. Gerade ist wieder eine eingetrudelt, und so gehe ich zur örtlichen Postfiliale und reihe mich in die Schlange. Postler haben ja gemeinhin den Ruf, eher unscheinbare Zeitgenossen zu sein, doch meine Schalterbeamtin ist zumindest optisch eine Ausnahme. Sie hat sich einige Strähnen ihrer wilden, pechschwarzen Mähne schlohweiß gefärbt. Verfilmte man »101 Dalmatiner« neu, dann wäre sie die ideale Cruella De Vil.

Ich reiche ihr Paketkarte und Personalausweis. Aus dem Lager holt sie daraufhin eine riesige Kiste. Als ich mir das Paket gerade auf den Buckel wuchten will, ruft sie mit schriller Stimme: »Mooment!«

»Ja bitte?«

»Sie müssen mir schon Ihre Vollmacht zeigen. Das Paket ist ja für eine Firma.«

Ich schaue auf das Adressetikett. Und in der Tat: Darauf steht »Redaktionsbüro Tom König«.

»Aber dieser König, das bin doch ich. Sie haben doch meinen Personalausweis gesehen.«

Die Cruella von der Post schüttelt den Kopf. »Wenn es für Firmen ist, muss der Abholer eine Vollmacht des fraglichen Unternehmens vorweisen.«

Ich krame nach meinem Kugelschreiber. »Kann ich Ihnen hier und jetzt schreiben. Das mit der Firma«, ich zwinkere ihr zu, »das ist mehr so der Optik halber. Der einzige Mitarbeiter und Eigentümer bin ich.«

»Mag sein. Aber auch wenn Sie sich das selbst schreiben – eine Firmenvollmacht bedarf eines Firmenstempels.«

Gerne möchte ich Cruella nun etwas über Postler und den ihnen angeborenen Stempelfetisch erzählen. Stattdessen versuche ich ihr auseinanderzusetzen, dass das Redaktionsbüro König (also ich) gar keine Stempel besitzt, sondern Aufkleber verwendet.

»Dann ist eben dieser beizubringen«, dekretiert die gesträhnte Schalterfrau.

Ich versuche einen neuen Anlauf. »Die Aufkleber sind mehr so der Optik halber. Die haben keinen urkundlichen Wert, die drucke ich selbst aus, mit dem heimischen Laserdrucker.«

Doch es hilft alles nichts. Ich gehe also wieder heim und tippe mir meine Vollmacht. Dazu entwerfe ich mit Word zunächst einen protzigen Briefkopf, so viel Zeit muss sein. Dann drucke ich den Schrieb auf einem Bogen Büttenpapier aus, und zwar in Farbe. Zuletzt krame ich für die Unterschrift aus der Schreibtischschublade meinen Montblanc-Füller heraus und setze ein besonders schwungvolles Signum darunter. Das Ergebnis ist die vermutlich schönste Vollmacht, die je ein Schalterbeamter zu Gesicht bekommen wird.

Ich laufe zurück zur Post und reihe mich in die inzwischen doppelt so lange Schlange ein. Cruella ist nirgendwo zu sehen. Ich gebe ihrem Kollegen (dessen Haartracht keinerlei Auffälligkeiten aufweist) meine Paketkarte. Als er mit der Kiste anrückt, halte ich ihm mit beiden Händen stolz die Vollmacht vor die Nase.

»Ja, was is' des?«

»Die für die Abholung erforderliche Vollmacht«, sage ich.

Er stutzt, betrachtet Ausweis und Adressetikett. »Aber der Herr König, des san ja Sie, oder? A Vollmacht braucht's da net.« Er gibt mir mein Paket und grinst. »Aber schee bunt is' scho.«

Schließlich ist es unser Geld

Der Postbankberater tippt auf seinem Rechner herum. »Selbstverständlich kann ich Ihr Konto auflösen, wenn Sie das möchten.«

»Aber?«, sagt meine Frau.

»Sie können dann natürlich eine Zeit lang nicht auf Ihr Geld zugreifen.« Er macht eine Kunstpause. »So für drei bis vier Wochen.«

Tanja und ich schauen uns an. »Ist nicht Ihr Ernst«, sage ich.

Ich schwöre eigentlich auf Onlinebanking. Aber aus Gründen, die sich nicht mehr einwandfrei rekonstruieren lassen, liegt unser Familienkonto bei der Postbank. Unser Erspartes befindet sich dort, insgesamt 36 000 Euro. Aber nun wollen wir zu einer anderen Bank wechseln.

Tanja fletscht die Zähne. Der Postler zuckt ein wenig zusammen. Das sollte er auch. Denn meine Frau kann frechen Dienstleistern jederzeit den Kopf von den Schultern trennen, blitzschnell, mit einem einzigen Biss.

Aber der Mann kommt noch einmal mit dem Leben davon. Tanja steht einfach auf und sagt leise: »Vier Wochen? Das wollen wir erst mal sehen.« Grußlos verlässt sie das Separee, ich folge ihr.

Zwei Stunden später sitzen wir bei der örtlichen Commerzbank-Filiale. Während die Postbank nach dem Slogan »Schließlich ist es unser Geld« verfuhr, empfängt man uns hier mit offenen Armen. Das hat, mutmaße ich, nichts mit herausragendem Service zu tun; solvente Neukunden sind überall willkommen.

Der stellvertretende Filialleiter witzelt ein bisschen darüber, dass beim Wettbewerber gerade alles drunter und drüber gehe (»Die haben den Kauf durch die Deutsche Bank wohl nicht verkraftet«) und verspricht unbürokratische Hilfe. Zwei Unterschriften, und schon zieht die Commerzbank unser Konto zu sich herüber. Wenn Bankster sich untereinander das Geld anderer Leute zuschieben, geht die Sache offenbar fixer. Als Termin wird der nächste Monatserste festgelegt – damit ist gesichert, dass unser Konto durchgehend verfügbar ist, denken wir.

Ich lobe Tanja, weil sie der Postbank ein Schnippchen geschlagen hat. Jetzt bleibt den Kerlen nichts anderes übrig, als das Geld bis zum 1. Februar herauszurücken.

Einen Tag vor dem Wechsel versuche ich, am Automaten der örtlichen Postfiliale 150 Euro abzuheben. Mit einem flotten Ratschgeräusch verschwindet meine Karte im Automaten, der mir mitteilt, diese werde eingezogen. Ich gehe zum Schalter und sage, dass ich (heute) doch noch Kunde bei der Postbank sei, und mein Konto eine Deckung von 36 000 Euro aufweisen sollte. Oder ist die Kohle schon bei der Commerzbank?

»Ihr Geld ist noch hier«, sagt die Schalterdame.

»Und warum bekomme ich dann keines?«

Sie entschuldigt sich. »So sind unsere Sicherheitsvorschriften. Das Konto ist ja bereits aufgelöst.«

Wozu aufregen? Die Commerzbank hat uns schließlich bereits zwei EC-Karten geschickt, einen Dispo habe ich auch, also gehe ich noch einmal zum Automaten und ziehe das Geld vom Neukonto.

Als ich am nächsten Morgen meiner Frau davon erzähle, regt sie sich fürchterlich auf. »Miese Tricks! Die wollen unsere Kohle ums Verrecken nicht rausrücken.« Dann folgt eine längere Tirade. Tanja spannt einen weiten Bogen vom internationalen Finanzgaunertum über die Bankenrettung durch den Steuerzahler bis hin zu Bert Brecht: »Was ist ein Einbruch in eine Bank gegen die Gründung einer Bank?«

Wir checken online unser Commerzbank-Konto. Die 36 000 Euro sind noch nicht da. Eine Anfrage bei unserer Neubank ergibt, dass die Altbank das Geld offenbar bisher nicht freigegeben hat.

Auch eine Kündigungsbestätigung hat sie bisher nicht geschickt. Als ich am nächsten Morgen ein dickes Kuvert von der Postbank im Briefkasten finde, bin ich deshalb neugierig. Vermutlich enthält es irgendeine miese Ausrede, warum sie immer noch auf unserem Ersparten sitzen.

Doch der Umschlag enthält keine Ausreden. Sondern unser Geld.

Nicht in bar, wohlgemerkt, sondern in Form von Verrechnungsschecks. 24 Schecks à 1500 Euro, ausgestellt auf meine Frau. Ich zähle sie zweimal durch und lege sie dann in Reih und Glied auf den Esstisch, der nun vollständig mit Postbank-Schecks bedeckt ist.

Die Schecks muss ich nun zur Commerzbank tragen. Genauer gesagt muss es meine Frau tun, die tagsüber in der Innenstadt arbeitet. Das Indossieren und Einzahlen der 24 Schecks wird sie ein bis zwei Mittagspausen kosten. Und ihre gute Laune sowieso.

Wenn wir dieses mühsame Prozedere gleich am nächsten Tag erledigen, schreibt die Commerzbank uns das Geld unter Vorbehalt gut. Dann gehen die Schecks zur Postbank, die anschließend, vermutlich nach eingehender Prüfung, die Überweisung veranlasst. Das dient der Sicherheit; deshalb dauert die Gutschrift von Verrechnungsschecks in der Regel sieben bis zehn Tage – wenn alles glattläuft.

Die Pressestelle der Postbank erklärt den Vorgang folgendermaßen: »Im Rahmen der automatisierten Kontoauflösung ignorierte das System die Bankverbindung bei
der Commerzbank und stieß stattdessen den Versand von
Zahlungsanweisungen an.«

Ein Systemfehler also. Unser Exberater hat damit auf jeden Fall recht behalten: Nach der Kündigung dauert es ein
bisserl, bis man sein Geld bekommt.

Das Geheimnis der Frühstücksbomben

Chocolate Frosted Sugar Bombs heißen jene Frühstücks-flocken, die der Held der Comicserie »Calvin & Hobbes« allmorgendlich in sich hineinschaufelt. Schüssel um Schüssel, bis das hyperkalorische High seinen kleinen Körper erzittern lässt.

Wenn ich meinen Sohn Toni beim Frühstück beobachte, fühle ich mich an Calvin erinnert. Mit Gusto mampft er Kellogg's Chocos oder Nestlé Cookie Crisp. Irgendwann bin ich im Supermarkt schwach geworden, und nun gibt es zum Frühstück Schokokekse statt Seitenbacher. Ich habe deswegen ein sehr schlechtes Gewissen. Und so beschloss ich, mich genauer mit den Nährwertangaben auf der Packung auseinanderzusetzen.

Gerade hat die Lebensmittelindustrie eine Kennzeichnung ihrer Produkte durch die sogenannte Lebensmittelampel verhindert. Sie tat das – wieder einmal – auch mit dem Argument, der mündige Kunde könne sich im Internetzeitalter jederzeit selbst darüber informieren, was er esse.

Wenn es so einfach wäre.

Auf den kartonierten Zuckerbomben mit den Cartoon-figuren prangt eine Nährwerttabelle. Sie gibt an, wie viel Prozent des Tagesbedarfs eine Portion deckt. Die Zahlen beziehen sich freilich nicht auf den kleinen Toni, sondern auf eine erwachsene Frau. Für Kinder fehlen die Angaben.

Kellogg's, Rewe (Ja!), Nestlé oder Dr. Oetker: Keine der Firmen führt auf der Packung oder auf ihrer Webseite Prozentwerte für Kinder oder Jugendliche auf. Also schrieb ich an die Verbraucherservice-Abteilungen der vier Unternehmen. Ich bat um eine einfache Information: Welche Prozentwerte gelten bei Ihrem Produkt für Drei- und Vierjährige? Dabei fragte ich speziell nach dem Zuckergehalt.

Um die Antworten einordnen zu können, besorgte ich mir Referenzwerte für Kinder. Die sogenannten GDA-Werte auf Lebensmitteln werden vom Brüsseler Industrie-verband CIAA definiert. Dort antwortete man mir nicht. Bei der Deutschen Gesellschaft für Ernährung (DGE), meines Erachtens ohnehin die seriösere Quelle, wurde ich hingegen fündig: Deren Empfehlung zufolge darf ein Dreijäh-riger täglich etwa zehn Prozent seiner Energiezufuhr über Zucker decken, das entspricht 27,5 Gramm bei einem Ge-samtenergiebedarf von 1100 Kilokalorien pro Tag. Bei ei-nem gleichaltrigen Mädchen wären es 25 Gramm Zucker bei 1000 Kilokalorien.

Zwar schrieben die Müslihersteller zurück, meine Frage beantwortete jedoch keiner präzise und zufriedenstellend:

- *Kellogg's* ignorierte meine Fragen nach Zucker und Re-ferenzwerten. Die Firma schrieb stattdessen: »Der Scho-

Ernährungswerte für Frühstücksflocken

Produkt	Hersteller	Absolut je 30 Gramm		% des Tagesbedarfs (Erwachsener)		% des Tagesbedarfs (Kind, 1 bis unter 4)		% des Tagesbedarfs (Kind, 4 bis unter 7)	
		Brennwert (kal)	Zucker	Brennwert	Zucker	Brennwert	Zucker	Brennwert	Zucker
Ja! Mini Zimtos	Rewe	128,4	9,6	6,42	10,67	12,84	38,40	9,17	27,43
Lion Cereals	Nestlé	124	10,6	6	12	12,40	42,40	8,86	30,29
Cookie Crisp	Nestlé	115	10,5	6	12	11,50	42,00	8,21	30,00
Frosties	Kellogg's	113	11	6	12	11,30	44,00	8,07	31,43
Snacks	Kellogg's	115	13	6	14	11,50	52,00	8,21	37,14
Chocos	Kellogg's	114	9	6	10	11,40	36,00	8,14	25,71
Vitalis Schoko Müsli feinherb	Dr. Oetker	171	6,2	9	7	17,10	24,80	12,21	17,71
Vitalis Kuspermüsli	Dr. Oetker	177	9,7	9	11	17,70	38,80	12,64	27,71
125 ml Milch (1,5 Fett)		59,6	6,1	2,98	6,78	5,96	24,40	4,26	17,43

Brennwert und Zuckergehalt je 30-Gramm-Portion (Dr. Oetker: je 40-Gramm-Portion), Quelle: Herstellerangaben. Werte für eine erwachsene Frau nach Herstellerangaben. Werte für Kinder (weiblich) errechnet anhand der Richtwerte/Empfehlungen der Deutschen Gesellschaft für Ernährung.

koladengeschmack wird bei KELLOGG'S CHOCOS vor allem mit Kakao erzielt – und zwar zum Teil aus entöltem Kakao – das hält den Fettgehalt gering.«

– Auch *Rewe* schickte mir keine Tabelle, nannte aber zumindest den korrekten Energiewert für Kinder der fraglichen Altersgruppe und wies darauf hin, mein Sohn solle maximal 25 Gramm Mini Zimtos essen. Die dürfte er freilich nur dann zu sich nehmen, wenn er danach den ganzen Tag überhaupt keinen Zucker mehr äße. Rewes Angaben erschienen mir verklausuliert und schwer nachvollziehbar. Auf Basis jener DGE-Werte, die auch Rewe zitiert, hätte Toni nach dem Frühstück (mit Milch) nämlich »nur« rund 60 Prozent seines Tagessolls an Zucker intus, nicht 100 Prozent.

– *Nestlé* blieb die gewünschte Tabelle ebenfalls schuldig, schrieb aber, mein Sohn dürfe vom Lion Cereal »eine Portion von 30 Gramm gerne verzehren«. Dass er dann bereits rund 40 Prozent seines Zuckerlimits ausgereizt hat, dazu kein Wort.

Mangels erhellender Antworten habe ich selbst eine kleine Tabelle erstellt. Das Ergebnis ist erschreckend. Eine Schüssel Frosties entspricht 44 Prozent der für einen Dreijährigen empfohlenen Zuckermenge, bei Vier- bis Siebenjährigen sind es rund 30 Prozent.

Ein anderes Beispiel: Isst ein Dreijähriger nach einer 30-Gramm-Portion Nestlé Lion Cereal noch einen Becher Nestlé-Vanillejoghurt der Marke LC1, dann sind das bereits 90 Prozent der empfohlenen Tagesdosis an Zucker.

Kein Wunder, dass die Konzerne diese Daten nicht einmal auf Nachfrage herausrücken wollen. Rewes Pressestelle verteidigt sich, die Produkte entsprächen »sämtlichen

Was treibt eigentlich die Kindernahrungsindustrie?

Kennzeichnungsvorschriften«. Und Dr. Oetker erklärt das Ganze gar so: »Da wir den Verbrauchern gegenüber eine Verantwortung haben, distanzieren wir uns von Ernährungsempfehlungen für Kinder.« Denn Werte für Heranwachsende seien wissenschaftlich nicht ausreichend fundiert. Kellogg's reagierte nicht auf eine Presseanfrage.

Seltsam an dieser Argumentation ist aber, dass es GDA-Werte für Kinder gibt, zumindest ab dem vierten Lebensjahr. Wenn es um Erwachsene geht, weist die Lebensmittelindustrie Kritik von Experten an den GDA-Nährwertangaben zurück. Bei Kindern hingegen behaupten die Unternehmen nun, die von ihrem EU-Verband selbst errechneten Referenzwerte seien leider nicht verwendbar.

Das erscheint umso wunderlicher, als die renommierte DGE Referenzwerte für Kinder aller Altersgruppen veröffentlicht. Sie tut dies zwar mit der Einschränkung, die Varianz sei bei Kindern viel höher als bei Erwachsenen – dennoch hält sie Ernährungsempfehlungen für Kinder offenkundig nicht grundsätzlich für fragwürdig. Sonst stellte sie diese wohl kaum ins Netz.

Wenn sich Lebensmittelkonzerne sogar bei hartnäckigen Nachfragen dagegen sträuben, Daten für Kinder herauszurücken, zeigt dies, dass man sie dazu gesetzlich zwingen sollte. Diese Unternehmen wollen ihre Zuckerbomben an unsere Kinder verkaufen. Sich dafür rechtfertigen möchten sie nicht. Sie sehen sich für den Profit zuständig, nicht für die gesundheitlichen Folgen.

Am deutlichsten wird dies in der Antwort, die mir Dr. Oetker schickte: »Bedauerlicherweise müssen wir Ihnen mitteilen, dass wir Ihnen keine Ernährungshinweise für Kleinkinder geben können. Wenden Sie sich hierfür bitte an Ihren Arzt.«

Bloß nicht das V-Wort benutzen

Eine Welt ohne Kaffee? Undenkbar! Das Gleiche gilt für eine ohne Vanille. Sie könnten auch ohne Vanille? Könnten Sie nicht. Ohne das Aroma der schwarzen Schote gibt es keine Schokolade, keine Eiskrem und keine Coca-Cola. Das Zeug ist fast überall drin, vanilla makes the world go round.

Joghurt zum Beispiel: Mein jüngster Favorit war »Almighurt Vanilla Stichfest« von Ehrmann. Auf der Packung prangt eine große Vanilleblüte. Aber nachdem ich mir die erste Palette reingelöffelt habe, komme ich ins Grübeln. Ist da eigentlich richtige Vanille drin? Oder nur Vanillin?

Die Welt benötigt nämlich viel mehr Vanille, als angebaut werden kann. Die jährliche Ernte liegt bei etwa 1000 Tonnen, nachgefragt wird aber mehr als das Zehnfache. Glücklicherweise lässt sich Vanillin, der Hauptaromaträger der Pflanze, synthetisieren. Und zwar aus Sulfonaten, die in der Papierproduktion ohnehin als Abfallprodukt anfallen. 12 000 Tonnen des Kunstvanillins werden jährlich verbraucht.

Eigentlich kein Problem, oder? Gesundheitlich ist Vanillin unbedenklich, auch geschmacklich ist es ganz okay. Und König Kunde kann schließlich frei entscheiden, ob er sündhaft teure Vanille oder billiges Vanillin möchte.

Wenn er es denn irgendwie schafft, herauszufinden, was in dem verfluchten Joghurtbecher drin ist.

Zunächst studiere ich die Inhaltsangabe meines Ehrmann-Joghurts. Von Vanillin steht da nichts. Aber auch nichts von Vanille. Es ist lediglich vage von »Aroma« die Rede.

Also schreibe ich an den Produktservice. Ich habe eine einfache Frage: Ist Vanille drin oder Vanillin?

Die Antwort kommt prompt: »In unserem Almighurt Vanilla Stichfest ist keine natürliche Vanille enthalten, sondern naturidentische Vanille.«

Naturidentische Vanille? So etwas gibt es leider nicht. Das Aroma der Vanillepflanze setzt sich aus Dutzenden Trägerstoffen zusammen, der wichtigste davon ist Vanillin. Letzteres kann natürlich sein (wenn es aus der echten Pflanze stammt) oder naturidentisch (also künstlich). Naturidentische Vanille gibt es ebenso wenig wie naturidentische Erdbeeren oder naturidentische Tomaten.

Warum die seltsame Antwort? Vermutlich, weil Ehrmann den Begriff Vanillin auf Teufel komm raus vermeiden möchte. Er klingt in den Ohren vieler Verbraucher einfach zu sehr nach Chemie, nach Holzmatsche, nach Abfall.

Ich hake mit einer weiteren Mail nach: Also ist nun Vanillin drin?

Ehrmann schreibt: »Gerne teilen wir Ihnen mit, dass reines natürliches Aroma aus einem Bourbon-Vanille-Aromaextrakt gewonnen wird. Das heißt, dass keine Zugabe von synthetischem Vanillin verwendet wird.«

Es ist also »keine natürliche Vanille« enthalten, aber es gibt auch »keine Zugabe von Vanillin«?

Ich schicke meine nunmehr dritte Mail an den Ehrmann-Kundenservice. Und weil ich den Eindruck habe, dass sich hier möglicherweise jemand vor einer klaren Aussage drücken möchte, stelle ich meine Frage parallel auch auf der Almighurt-Fanseite bei Facebook: Vanille oder Vanillin?

Per Mail entschuldigt sich Ehrmann nun, man habe meinen Joghurt mit einem anderen Produkt verwechselt. Kann vorkommen. Nun heißt es: »Bei Almighurt Vanilla

Stichfest haben wir ein naturidentisches Aroma mit zuge-
setztem Vanillin.«

Das war eine schwere Geburt. Eine andere Informati-
onsquelle als den semantisch gewandten Kundenservice
gibt es übrigens nicht, da Ehrmann auf seiner Homepage
keine Informationen zu den Inhaltsstoffen bereitstellt. Auf
Facebook hat Ehrmann meine Frage übrigens nicht beantwortet. Dann würde das hässliche V-Wort ja die eigene
Fanpage verunzieren. Tonnenweise Vanillin zu verwenden, damit hat die Lebensmittelindustrie kein Problem –
aber mit diesem eigentlich unspektakulären Faktum offen
und ehrlich umzugehen, fällt ihr augenscheinlich schwer.

Zum Heulen, dieses Wasabi!

Meine Schwiegermutter war noch nie in einer Sushibar. Vielleicht hätte ich sie deshalb warnen sollen, doch jetzt ist es zu spät: Ich sehe gerade noch, wie ein fingerdick mit Wasabi bestrichenes Nigiri in ihrem Mund verschwindet. Es folgen allerlei Wehklagen, ein Meer von Tränen und die Bitte, das nächste Mal wieder in ein bayerisches Wirtshaus zu gehen.

Wasabi ist höllisch scharf. Wer sich mit dem auch japanischer Meerrettich genannten Teufelszeug vertut, bereut das bereits Sekundenbruchteile später. Eine hundsgemeine Schärfe ist das. Sie steigt einem in die Nase wie eine Überdosis Löwensenf.

Als Sushifan kenne ich diese Erfahrung. Umso erstaunter war ich, als ich vor einiger Zeit bei einem Nobeljapaner Wasabi vorgesetzt bekam, der völlig anders schmeckte. Statt einer feinen handelte es sich um eine eher grobe Paste. Ihre Schärfe war subtiler, mit süßlichem Unterton und dem Geruch von ätherischen Ölen.

»Was ist das?«, fragte ich.

»Frisch geriebener Wasabi«, erwiderte er.

»Schmeckt ganz anders als der, den es sonst gibt.«

Der japanische Kellner antwortete nichts, sondern lächelte nur. Vermutlich erschien ihm die Wahrheit zu unhöflich: Sie lautet nämlich, dass ich jahrelang gar keinen Wasabi gegessen habe. Sondern Chemiepampe.

Was uns gemeinhin als Wasabi vorgesetzt wird, ist in Wirklichkeit eine Mischung aus Meerrettichpulver, Maisstärke, den Farbstoffen Brillantblau (E133), Zitronengelb

(E102) sowie Senfpulver. Kein Wunder also, dass einen die Schärfe an Löwensenf erinnert. Dass im Wasabi gar kein Wasabi ist, hat im Wesentlichen zwei Gründe: Frisch geriebenes *eutrema japonica* hält sich höchstens eine halbe Stunde. Und es ist teuer, gewissermaßen der Trüffel Japans: Der Kilopreis für eine Wasabiwurzel liegt bei über 200 Euro.

Das Resultat ist ein umfassendes Täuschungsmanöver – ein Paradebeispiel dafür, was in Lebensmittelrecht und Lebensmittelkennzeichnung schiefläuft. Denn eigentlich gilt: Wo Wasabi draufsteht, muss auch Wasabi drin sein. Wenn es sich stattdessen um grün gefärbtes Senfpulver handelt, wäre das auf der Speisekarte zu vermerken. Man dürfte die Pampe dann nicht Wasabi nennen, sondern vielleicht »Senfpaste nach Wasabi-Art« oder »Wasabi-Ersatz«. Zu einer korrekten Kennzeichnung gehörte ferner ein Warnhinweis wegen des gelben Farbstoffs. Er heißt Tartrazin und war in Deutschland zwischenzeitlich sogar verboten, weil er Allergien (und bei Kindern möglicherweise Hyperaktivität) verursacht.

All dies tut freilich niemand, weder im Restaurant noch beim Vorprodukt, einem Trockenpulver, das vor dem Servieren mit Leitungswasser verrührt wird. Ich habe in den vergangenen Monaten beim Sushiessen darauf geachtet und keine einzige Gaststätte gefunden, die eine korrekte Kennzeichnung verwendete.

Im Supermarkt sieht es kaum besser aus. Dank des kulinarischen Siegeszugs von Sushi gibt es dort inzwischen auch Wasabichips, -knuspererbsen und -paste aus der Tube. Einige Beispiele sind »Chio Chips Wasabi Style«, »Khao Shong Grüne Erbsen mit Wasabi« oder »Bamboo Garden Wasabi Paste«. Ihnen allen gemein ist, dass sie kein oder wenig Wasabi (unter zwei Prozent) enthalten, was aus den Produktnamen nicht hervorgeht.

Eigentlich würde man als Verbraucher hoffen, es gäbe eine staatliche Stelle, die einen vor derlei Rosstäuscherei schützt. Die gibt es aber entweder nicht, oder sie liegt im Wachkoma. Denn die Falschkennzeichnung, von der wir hier reden, existiert schließlich bereits seit vielen Jahren, Jahrzehnten gar. Wenn es so einfach ist, geltende Kennzeichnungspflichten zu ignorieren, würde ich mir als Lebensmittelhersteller auch nicht allzu viele Gedanken machen.

Es existiert ein einziger dokumentierter Fall, in dem der Anbieter eines Pseudowasabi-Produktes rechtlich belangt wurde: Das Landgericht München II verbot dem Hersteller Kattus 2009, einen Snack als »Wasabierbsen« zu bezeichnen, da dieser kein einziges Gramm Wasabi enthielt. Angestrengt worden war die Klage nicht etwa durch eine staatliche Aufsichtsbehörde, sondern durch den Bundesverband der Verbraucherzentralen. Kattus scheiterte damals mit der interessanten Gegenargumentation, die meisten Kunden wüssten ja gar nicht, was Wasabi ist, ergo könne auch keine Täuschung vorliegen.

Genutzt hat es nichts. Das, was uns als Wasabi verkauft wird, ist immer noch jene zweifelhafte Pulverpaste, die wenig mit dem Original zu tun hat. Selbst der gerichtlich abgemeierte Hersteller Kattus macht weiter wie bisher. Seine Tochterfirma Bamboo Garden offeriert immer noch »Wasabi-Paste« in der Tube. Deren Wasabigehalt liegt bei einem Prozent. Auf die Frage, wie sich das mit dem Produktnamen vereinbaren lässt, teilt Kattus wacker mit, »dass es sich bei unserem Produkt nicht um Wasabi-Ersatz handelt«.

Das ist unsere Lebensmittelbranche. Man könnte Rotz und Wasser heulen, ganz ohne Wasabi-Überdosis.

Und wer darf es auslöffeln?
Der Verbraucher!

Schon wieder bin ich reingefallen, diesmal auf Bertolli. Deren Pesto »nach traditioneller Rezeptur aus erlesenen Zutaten« (Eigenwerbung) sah im Regal ganz lecker aus. Auf dem Etikett war ein Mörser mit Pinienkernen abgebildet, daneben eine Flasche Olivenöl.

Beides sucht man in der grünen Industriepampe jedoch fast vergeblich – der Anteil liegt jeweils unter drei Prozent. Stattdessen enthält Bertolli Pesto Verde, wie ich später im Internet erfahre, Kartoffelflocken. Kartoffeln im Pesto? Mamma mia!

Während diese Pesto-Panscherei gut dokumentiert ist, bin ich bei vielen anderen Lebensmitteln ratlos. Verständliche, gut gebündelte Informationen sind Mangelware. Immer wieder landet in meinem Einkaufswagen deshalb Mampfmüll, den ich besser nicht gekauft hätte: Erdbeerjoghurt ohne Erdbeeren oder Würstel, die vor allem aus Fleischabfällen und Knochenmehl bestehen.

Die Internetseite lebensmittelklarheit.de soll das ändern. Auf dem neuen Portal der Verbraucherzentralen können Konsumenten Produkte beanstanden. So kann man an zentraler Stelle nachlesen, ob eine Irreführung vorliegt. Finanziert wird das Ganze vom Verbraucherministerium.

Die Foodbranche schreit natürlich Zeter und Mordio. In der Branchenpostille »Fleischwirtschaft« ereifert sich etwa der Lebensmittelrechtler Gerd Weyland über die Transparenz des neuen Portals. Es sei »höchst problematisch«, dass dort richtige Produkte gezeigt würden.

Dies führe womöglich dazu, dass Fragen der Lebens-
mitteltäuschung »nicht im Allgemeinen«, sondern »anhand
vereinzelter Produkte« geführt würden. Schlimmer noch:
Der Hersteller werde in die Ecke gedrängt und »muss sich
öffentlich für die konkrete Aufmachung seines Erzeugnis-
ses rechtfertigen«, sorgt sich der Jurist.

Das ist ja skandalös! Jetzt wollen Konsumenten im Netz
schon über konkrete Sachverhalte diskutieren und fordern
von den Verantwortlichen sogar, dass diese Rechenschaft
für ihr Tun ablegen! Wo soll das bloß hinführen? Womöglich in eine kritische Verbrauchergesellschaft, die auf ihre
Rechte pocht?

Kein Wunder, dass es der Foodlobby graust.

Bei ihrer Kritik am »Klarheit und Wahrheit«-Portal hat
die Industrie allerdings zumindest ein gutes Argument: Ob
Pesto-Pampe oder Formfleischschinken – all diese Lebensmittel entsprechen den gesetzlichen Vorschriften. Wenn
ein Produkt aber »frei verkehrsfähig« ist, könne keine Ver-
brauchertäuschung vorliegen.

Es stimmt leider: Vorsätzliche Irreführung beim Essen
ist legal. Wenn ich einen Eichenschrank kaufe, der sich später als Buche entpuppt, kann ich klagen. Wenn ich eine
Kirschlimo kaufe, auf deren Etikett pralle Früchte zu sehen sind, die aber keine Kirschen enthält? Pech gehabt.

Schuld an dieser staatlich sanktionierten Falschmünze-
rei ist vor allem die Politik, die über Jahrzehnte in trauter
Eintracht mit den Lebensmittelkonzernen Kennzeichnun-
gen ausgetüftelt hat, die keinem Menschen einleuchten.
Wieso darf man Produkte mit bis zu 50 chemischen Zu-
satzstoffen als Bio-Lebensmittel bezeichnen? Legal mag
das sein. Logisch ist es nicht.

All das war möglich, weil wir ahnungslos gehalten wurden und uns nicht für das Thema interessierten. Dies hat sich dank Internet und Verbraucherorganisationen geändert. Die Politik beginnt deshalb, ihren unheiligen Pakt mit der Lebensmittelindustrie zu überdenken.

Leider tut sie das sehr zaghaft. Man sollte lebensmittelklarheit.de nicht als Akt politischer Courage deuten, sondern eher als Akt der Feigheit. Wäre es der Regierung ernst, dann würde sie jene Gesetze ändern, die es erlauben, dass aus Holzspänen erzeugtes Erdbeeraroma das Adjektiv »natürlich« tragen darf.

Dazu jedoch fehlt der Mumm. Landwirtschaftsministerin Ilse Aigner (CSU) spielt das Thema deshalb über Bande: Auf lebensmittelklarheit.de sollen die Verbraucher den Foodkonzernen einfach *selbst* Beine machen.

Ich soll den getürkten Erdbeerjoghurt nun also selbst überprüfen und melden, wenn ich ihn schon nicht auslöffeln will. Sich so etwas auszudenken, dazu gehört eine Menge Chuzpe. Die Politik signalisiert so Bewegung, ohne sich zu bewegen. Vielleicht hat sie sich diese Strategie bei ihren Exfreunden von der Lebensmittelindustrie abgeguckt, die seit Jahren von Dialog- und Lernbereitschaft reden, aber nie die Rezepturen ändern.

Funktionieren wird das nicht. Weder Politiker noch Hersteller können auf Dauer eine kapitalistische Grundregel ignorieren: Man kann Kunden nichts anbieten, was diese nicht wollen. Sonst geht man pleite, und das zu Recht.

Den meisten geht es vermutlich wie Kunde König. Mir ist es egal, ob diese Pesto-Pampe laut irgendeinem EU-Paragrafen einwandfrei ist. Mir ist wurscht, dass »Original Schwarzwälder Schinken« de jure aus holländischem Schweinefleisch bestehen darf.

Als Kunde möchte ich darüber weder mit Winkeladvokaten noch mit Herstellern diskutieren. Ich möchte einfach gescheit gekennzeichnete Lebensmittel. Ansonsten wähle ich eine andere Nudelsoße. Oder eine andere Partei.

Mach mir den Teebeutel!

Winterzeit ist Teezeit. Man brüht sich eine Kanne Kräuter-
infusion, muckelt sich auf dem Sofa ein und schaut zu, wie
die Kandiskluntjes in ihre Bestandteile zerfallen.

Behaglicher geht's kaum. Tee ist ein Wellnessprodukt,
er war es bereits, bevor es den Begriff überhaupt gab. Inzwischen haben das leider auch die Marketingfuzzis der
großen Lebensmittelkonzerne spitzgekriegt – und sich Gedanken darüber gemacht, wie man *tea related products* mit
noch mehr Wohlfühlgefühl aufladen, wie man noch mehr
emotional involvement in dieses wichtige Trockenfertigpro-
dukt hineinbekommen kann.

Und schon ist es vorbei mit der Behaglichkeit.

Als ich neulich bei Freunden auf dem Sofa Platz nahm,
bot man mir Tee an. »Wir haben ›Mutquelle‹, ›Lebens-
freude‹ und ›Fühl Dich stark‹«, sagte die Gastgeberin.

»Aber mir geht es gut«, erwiderte ich vorsichtig. »Ich
habe nur einen leichten Schnupfen.«

Meine gegen Sarkasmus unempfindliche Bekannte
nickte und kramte im Küchenschrank. »Also etwas, das
dich auflädt, Tom. Dann nehmen wir ›Fühl die Energie‹.«

Das Einzige, was ich fühlte, war Verzweiflung. Denn
wie bei all diesen Happy-Tees lieferte der blumige Name
auch hier keinerlei Hinweis darauf, was eigentlich drin
ist. Schnöde Kamille? Oder eine Mischung aus geraspelter
Schuhsohle und Bachblütenextrakt?

Leider kam es noch schlimmer. Ich nippte. Von Energie
konnte keine Rede sein. Stattdessen attackierte ein pene-
trantes Maracujaaroma meine Geschmacksknospen. »Fühl

den Würgreflex« wäre ein passenderer Name für diese Plörre gewesen.

Nun sind halbseidene Heilsversprechen im Marketing ja nichts Neues, zumal in der Lebensmittelindustrie. Es gibt Joghurt, der vor grippalen Infekten schützen, und eine Beere, die muskulöser und potenter machen soll.

Aber wie konnte es passieren, dass mein Freund, der Tee, zu einem derart albernen Produkt mutierte? Es gibt im Supermarkt inzwischen ein ganzes Regal voller Aufgussbeutelchen mit Namen wie »Glückliche Mutter« (fördert »emotionale Wärme und Gelassenheit«) oder »Schülerglück« (für »Konzentration und Lernfreude«). Wer sich als echter Kerl jetzt irgendwie ausgegrenzt fühlt, der sei unbesorgt: Es gibt auch »Managertee«.

Der sorgt laut Etikett für »Durchsetzungskraft und Entscheidungsfreude«. Probieren Sie es mal aus. Eine Kanne davon, und es wird Ihnen viel leichter fallen, endlich diesen blöden Schluffi aus der Buchhaltung zu feuern, den Sie seit Wochen vor die Tür setzen wollen. Immer noch Skrupel? Der hat Familie? Los, noch einen Becher.

Das aus Herstellersicht Genialische an Wellnesstees ist, dass diese aus vielen verschiedenen Kräutern bestehen. Ein typischer Wohlfühlbeutel enthält Brombeerblätter, Süßholzwurzel, Kamille, Lemongras, Zitronenverbene, Anis, Fenchel, Melisse, Frauenmantelkraut sowie zehn andere Dinge, von denen Sie noch nie im Leben gehört haben.

Das Ergebnis schmeckt in der Regel wie die ausgekochte Schurwollsocke eines Castorgegners, ist aber vermutlich ein Renditekracher. Denn während man bei Darjeeling oder Pfefferminz noch Qualitätsunterschiede bemerken mag, schmecken diese Kräuterpotpourris alle gleich.

Selbst wenn es sich um gehäckselte Gartenabfälle handeln sollte – kein Mensch würde es merken.

Umso wichtiger ist der Name. Wenn ein Tee »Sweet Kiss« oder »Frecher Flirt« heißt, wen interessiert dann schon, was drin ist?

Wobei ich dem Zeug nicht jeden Nutzen absprechen will. So ein Romantik-Tee kann durchaus hilfreich sein. Wer etwa der Meinung ist, seine langjährige Beziehung erkalte allmählich, der kauft einfach »Heiße Liebe«. Als Scharfmacher taugt der nicht, aber man kann die Packung mahnend ins Küchenregal stellen, sozusagen als stumme Anklage.

Bei solchen Beziehungstees ist noch Potenzial: Wie wäre es mit der fruchtigen Mischung »Bring den Müll raus« oder der Bachblütenkomposition »Früher brachtest du mir Blumen«. Und wenn das alles nichts hilft, brühen Sie sich den Mate-Aufguss »Verzweifelt wach liegen« oder gleich die Vanille-Chili-Melange »Familientherapie«.

Onkel Herbert, der Tod und die Telekom

Als Onkel Herbert vor etlichen Jahren starb, machte das niemanden besonders traurig. Die Verwandtschaft hatte den alten Grantler nicht gemocht und hielt ihn für eine schlimme Nervensäge. Nur ich konnte immer ganz gut mit Herbie, und so fiel mir die Aufgabe zu, den Nachlass zu sortieren. Dabei stieß ich auf eine Überraschung: Der greise Onkel Herbert hatte ein D1-Mobiltelefon der Telekom besessen. Mit wem er auf dem Handy gesprochen hatte, war mir ein Rätsel.

Ich kopierte also den Totenschein und schickte ihn nach Bonn in die Telekom-Zentrale. Der dortigen Buchhaltung erschien das Hinscheiden meines Onkels als Kündigungsgrund aber offenbar inakzeptabel. Und so schickte die Telekom im nächsten Monat eine Handyrechnung. Interessanterweise waren neben der Grundgebühr auch Gesprächsminuten angefallen. Mit wem Herbert auf dem Handy gesprochen hatte, war jetzt ein noch größeres Rätsel.

Es kamen weitere Rechnungen. Ich schickte Totenscheine. Die Telekom schickte Mahnungen. Ich hätte dazu gerne einen bissigen Kommentar von Onkel Herbert gehört. Doch den ließ der Vorgang völlig kalt.

An solchen Fällen erkennt man, wie es um die Kultur mancher Unternehmen bestellt ist. Natürlich darf im Kundenservice einmal etwas schiefgehen. Meinetwegen auch zweimal. Aber spätestens, wenn ein Sachbearbeiter einen Totenschein in der Hand hält, sollte er kurz innehalten.

Er sollte sich klarmachen, dass ein Mensch gestorben ist. Dass dessen Angehörige trauern. Und dass das Letzte, was sie jetzt brauchen, ein herzloser Buchhalter ist, der ihnen Briefe schickt – adressiert an jenen Menschen, den man geliebt hat.

Ein Telekom-Sprecher sagt, der Fall sei inzwischen zu alt, um die genauen Ursachen noch feststellen zu können. Herbie und ich schlugen dem Unternehmen damals ein Schnippchen, indem wir ihn einfach ummeldeten. Er wohnt nun in der Kapellenstr. 1, Ohlsdorfer Friedhof, 22337 Hamburg. Seitdem ist Ruh'.

Herbie fehlt mir. Und auch meine Großcousine, die inzwischen in seinem Haus wohnt, vermisst ihn. Das hat freilich eher praktische Gründe: Sie möchte ihren Stromanbieter wechseln. Der E.ON-Zähler im Keller ist aber immer noch auf Onkel Herbert zugelassen. Geht also nicht.

Sie würde den Zähler gerne auf sich umschreiben lassen, doch dazu benötigt sie des Oheims Unterschrift. Sagt E.ON. Seit über sieben Jahren versucht meine Großcousine, den Energieversorger davon zu überzeugen, Herbie könne seit seinem Tod Schriftwechsel nicht mehr so schwungvoll paraphieren wie früher.

Neulich zeigte sie mir einen Brief von E.ON. Er war an

Herbie adressiert und beschied ihm, demnächst werde jemand zum Ablesen seines Zählers vorbeikommen. Und dass es toll wäre, wenn er an diesem Tag zu Hause sein könnte. E.ON erklärte auf Anfrage, man habe von dem Todesfall erst vor einem Jahr erfahren – ihn aber wegen eines Fehlers »nicht ins System übernommen«.

Die Unsterblichkeit hatte ich mir anders vorgestellt. Vielleicht, denke ich mir, hätte man dem Onkel sein D1-Telefon mit ins Grab legen sollen. Dann könnte sich die Nervensäge jetzt selbst um den blöden Stromzähler kümmern. Denn Herbies Handyvertrag ist ja wahrscheinlich immer noch aktiv.

Und täglich grüßt der Obermann

Mit dem Wohnsitz wechselte ich auch den Telefonanbieter. Doch als sich der neue als Nullnummer erwies, erinnerte ich mich der alten Tante Telekom, von der ich mich gerade getrennt hatte. Reumütig und mit gesenktem Haupt wurde ich im örtlichen T-Punkt vorstellig.

Der Verkäufer, ein dicklicher Mittzwanziger mit modischer Hahnenkammfrisur, gab sich großzügig. »Na, dann wollen wir mal zusehen, dass wir Sie schnell wieder ans Netz bekommen«, versprach er.

Als ich unterschrieben hatte, erklärte mir das Hähnchen, zurzeit würden sehr viele Anschlüsse geschaltet. Es könne deshalb eventuell möglicherweise zu klitzekleinen Verzögerungen kommen. »Ich empfehle deshalb unseren Push-Service. Dann sind Sie immer auf dem neuesten Stand«, sagte er.

Push-Service klang nach Drückerkolonne. »Was genau ist denn das?«, fragte ich vorsichtig.

Er lächelte stolz. »Unser neuester Service. Sobald sich bei Ihrem Anschluss etwas tut, bekommen Sie eine SMS.«

In einem Moment geistiger Umnachtung stimmte ich zu. Dabei sind solche Service-SMS totaler Schwachsinn. Wenn der DSL-Router in der Post ist, kriege ich das vermutlich mit. Warum muss ich das zwölf Stunden vorher wissen? Um mich auf dieses epochale Ereignis mental vorzubereiten? Will die Telekom mit ihren SMS vielleicht Spannung aufbauen?

Vermutlich Letzteres. Kurz vor dem vereinbarten Liefertermin erhielt ich die erste SMS:

»Sehr geehrter Kunde, Sie erhalten in Kürze eine Warenlieferung zu Ihrem Auftrag.«

Dies interpretierte ich dergestalt, dass binnen Stunden mein Router angeliefert würde. Doch in der Bonner Telekom-Zentrale gehen die Uhren offenbar anders. Vier Tage passierte nichts, bis unverhofft die nächste brandheiße Depesche eintrudelte:

»Sehr geehrter Kunde, bald ist es so weit: Im Laufe des führen wir wunschgemäß Ihren aus.«

Nach Tagen des Bangens und Hoffens nun endlich Klarheit! Ich war _____ und konnte es kaum noch _____, endlich meinen _____ anzuschließen.

Insofern war die nächste SMS ein Dämpfer:

»Sehr geehrter Kunde, Ihr Auftrag ist bei uns eingegangen. Vielen Dank.«

Waren wir an diesem Punkt nicht schon vor einer Woche gewesen? In der T-Zentrale schien die Zeit nicht linear zu verlaufen. Möglicherweise, so dämmerte mir angesichts der nächsten SMS, war ich sogar in dem gefangen, was Relativitätstheoretiker – in Anlehnung an Telekom-Boss René Obermann – als Obermann'sche Zeitschleife bezeichnen:

»Sehr geehrter Kunde, Sie erhalten in Kürze eine Warenlieferung zu Ihrem Auftrag.«

Und täglich simst der Obermann. Allmählich begann

mich das digitale Kartätschenfeuer aus Bonn zu zermürben. Glücklicherweise gönnte mir die Telekom in den folgenden sieben Tagen eine Auszeit. Weder simste sie noch schickte sie das versprochene Gerät.

Das zumindest war meine Wahrnehmung des Sachverhalts. Am Rhein sah man das anders:

>>Sehr geehrter Kunde, unser Logistikpartner hat die von Ihnen bestellte Ware an Sie ausgeliefert.<<

Und weil doppelt besser hält:

>>Sehr geehrter Kunde, gern haben wir Ihren Auftrag für Sie ausgeführt. Wir wünschen Ihnen viel Spaß mit unseren Produkten.<<

Nach Angaben der Telekom-Pressestelle sind die SMS an das EDV-System gekoppelt. Erratik, Geschwätzigkeit und der etwas kumpelhafte Unterton lassen den fantasiebegabten Kolumnisten freilich vermuten, dass hinter den SMS eine rheinische Frohnatur aus Fleisch und Blut sitzt. Ein echter Jeck, der den ganzen Tag die Kundschaft besimst und dabei das eine oder andere Kölsch reinlaufen lässt.

Als ich wieder im T-Punkt vorstellig wurde, blinzelte mich der T-Angestellte verständnislos an. Das mit den SMS sei »kaum vorstellbar«. Als ich ihm mein Handy zeigte, raufte er sich den Kamm. Er versicherte mir, er werde dafür sorgen, dass ich nie wieder derartige SMS bekäme.

Inzwischen sind zwei Monate vergangen. Es herrschte wunderbare Funkstille, und der Telekom-Router kam irgendwann auch noch. Während ich mit der Kiste neulich

das Frühstücksfernsehen anschaute, fiepste plötzlich mein
Handy:

> »Sehr geehrter Kunde, gern haben wir Ihren Auftrag
> für Sie ausgeführt. Wir wünschen Ihnen viel Spaß mit
> unseren Produkten.«

Rheinländer. Müssen immer das letzte Wort haben.

Wenn Aktenordner Briefe schreiben

Vielen Dank, dass Sie sich für die Warteschleife entschieden haben! Die Warteschleife ist der führende Anbieter qualitativ hochwertiger und ultrainnovativer Kolumnen für Customerservice-Topics in der DACH-Region und ein Produkt der SPIEGEL ONLINE GmbH (»Schneller wissen, was wichtig ist«™). Ihr Klick ist für die Warteschleife von enormer Bedeutung. Ihr Vertrauen ist unser Antrieb. Wir freuen uns sehr, Sie als Mitglied der globalen Warteschleife-Family begrüßen zu dürfen!

So oder ähnlich läsen sich meine Kolumnen, wenn die Kundenkommunikation eines Großkonzerns sie verfasste – voller Übertreibungen, Anglizismen und Leerstellen. Insgesamt 460 Zeichen hat der erste Absatz, doch die Informationsdichte ist geringer als die einer Kiste Kopierpapier. Jede Woche leiten mir Leser solche Texte weiter, Dokumente des Kampfes, den sie tapfer mit Unternehmen ausfechten.

Dabei zeigt sich immer wieder: Kunde sein ist nicht nur deshalb nervtötend, weil guter Service rar ist. Sondern auch, weil die damit verbundene Korrespondenz so anstrengend ist. Es gibt drei Arten von schlechtem Deutsch, mit denen Firmen ihre Kunden piesacken. Da ist zunächst Bürokratensprech:

»Sehr geehrter Herr König, zu unserer Entlastung übersenden wir Ihnen hiermit die Mitteilung, dass unsere Qualitätssicherung nach eingehender Befassung mit dem von Ihnen im Rahmen des Beschwerdegangs eingereichten Garantiefall kein Versagen der Bauteile i. S. v. § 4 (Abs. 2) unserer AGB feststellen konnte. Ein Garantiefall liegt somit nicht vor. Seien Sie sich indes versichert, dass wir Ihnen bei in der Zukunft auftretenden Fragen i. R. d. ges. Gewährleistungsfrist zur Verfügung stehen.«

Erstaunlicherweise kommen solche Textbrocken meist nicht aus Ämtern, sondern aus der Privatwirtschaft. Mindestens genauso enervierend ist Marketingsprech – siehe oben. Es fußt auf der Idee, dass jeder Kundenkontakt eine Branding Opportunity ist. Eine Gelegenheit, die man dazu nutzen sollte, dem wehrlosen Konsumenten die Core Values der Marke in den Schädel zu dreschen. Dass einen Menschen, der wegen seines kaputten Handys vorstellig wird, nichts weniger interessiert als die Unique Selling Proposition der Callyoulater AG in der EMEA-Region – egal.

Die dritte Kategorie sind Teflontexte. Sie machen die deutsche Sprache zum Vehikel einer ausgefeilten Cover-your-ass-Strategie. Getrieben von der konzerneigenen Rechtsabteilung formuliert der Service seine Mails dabei stets so, dass der Kunde daraus keine, aber auch wirklich gar keine Ansprüche oder Erwartungen ableiten kann:

»Sehr geehrter Herr König, wir bedanken uns, dass Sie uns dieses Thema zur Kenntnis gebracht haben. Wir werden, soweit angebracht, eine eingehende Prüfung dieser Frage einleiten und Ihnen gegebenenfalls eine Rückmeldung zukommen lassen. Dieses Schreiben erfolgt unter Vorbehalt und sollte nicht als Zusage seitens der Callyoulater AG aufgefasst werden.«

Da ist ein eingeölter Flussaal griffiger.

Das alles nervt nicht nur, es erweckt auch einen fatalen Eindruck. Stets signalisiert das Unternehmen dem Kunden, dass es sich nicht verantwortlich fühlt, ihn geringschätzt, keine Fehler eingestehen kann.

Es gibt glücklicherweise einige Unternehmen, die sich über dieses Sprachproblem Gedanken machen. Das Hamburger Versandhaus Otto etwa händigt seinen Mitarbeitern einen Leitfaden namens »Jetzt red' ich Otto« aus. Auf Ottos Negativliste steht beispielsweise der Satz: »Die Überprüfung durch unsere Qualitätssicherung hat den von Ihnen aufgezeigten Mangel bestätigt.« Stattdessen soll es heißen: »Sie haben recht: Ihr Pulli war mangelhaft, dafür entschuldigen wir uns.«

In die Tonne gehört laut dem Leitfaden: »Mit Bedauern mussten wir feststellen, dass Sie schon längere Zeit auf Ihre Bestellung warten.« Der Alternativvorschlag: »Sie fragen sich, wo Ihre Bestellung bleibt? (…) Für die Verzögerung entschuldigen wir uns.«

Vor allem den Umstand, dass sich Otto stets ohne Vorbehalt entschuldigt, wenn irgendetwas versemmelt wurde, kann man gar nicht genug loben. Die meisten Firmen bitten uns immer noch »um Verständnis« oder machen lieber gleich höhere Mächte für ihr Versagen verantwortlich. Eine Kostprobe aus einem Schreiben einer Bank: »Im Rahmen der Kontoauflösung ignorierte das System die korrekt eingepflegte Bankverbindung.«

Wir haben alles richtig eingetippt. Unser doofer Computer war's.

Ottos Stilbuch enthält allerlei Leitsätze wie »Geben Sie eindeutige Antworten«, »Verwenden Sie freundliche und klare Umgangssprache« oder »Führen Sie ein persönliches und emotionales Gespräch«. Kundenkommunikation, das ist dabei die Grundidee, sollte so klingen wie ein Gespräch von Menschen mit Menschen – und nicht wie eines von Menschen mit Aktenordnern.

Das ist eigentlich eine schrecklich banale Erkenntnis – in den meisten Unternehmen ist sie leider noch nicht angekommen.

Hip, aber hilflos

Ich habe es aufgegeben, bei der Telekom anzurufen. Meine Zeit ist zu kostbar, deshalb schreibe ich lieber E-Mails an Rechnung-Online@telekom.de. Das spart Zeit, doch es löst mein Problem in der Regel auch nicht.

Wegen eines fälschlicherweise abgebuchten Rechnungs-postens wurde ich unlängst dreimal vorstellig. Nie erhielt ich irgendeine Antwort. Ich erzählte einem Freund von diesem Totalausfall. »E-Mail?«, er lachte. »Bei denen musst du über Twitter gehen!«

Service über Social-Media-Kanäle wie Twitter oder Facebook ist gerade das ganz große Ding. Neben der Telekom betreiben auch Lufthansa oder 1&1 solche Accounts. Sogar die Bahn hat sich vor Kurzem dazugesellt.

Ist Social Media nun ein Geheimpfad vorbei an der War-teschleife oder bloß neumodischer Schwachsinn? Mit der einem Servicekolumnisten eigenen Skepsis tippte ich auf Twitter »@telekom_hilft Habe Probleme mit meiner Ab-rechnung« ein.

Im Vergleich zum Serviceniveau der restlichen Tele-kom kann ich das Folgende nur als himmlische Offen-barung bezeichnen: Blitzschnell meldete sich eine nette Dame und ließ sich per Mail das Problem schildern. Sie kümmerte sich und gab mir eine Rückmeldung, als sie den Rechnungsposten gelöscht hatte. Sie versprach ferner eine rasche Rückbuchung des zu viel gezahlten Geldes. Und all dies in freundlich formulierten, verbindlichen Sät-zen.

Ich war, kurzum, hellauf begeistert. Das gute Gefühl

hielt bis zum Monatsende an. Dann fand ich auf der Rechnung wieder den x-fach monierten Posten.

Ich zweifle nicht daran, dass die freundliche Frau von »Telekom hilft« alles korrekt weitergegeben hat. Aber da hat sie die Rechnung natürlich ohne ihr dysfunktionales Rechnungswesen gemacht.

Das Ganze führt mich zu der Erkenntnis, dass die etwas angenehmere Kundenerfahrung auf Twitter oder Facebook nichts mit der verwendeten Technologie zu tun hat. Sondern schlichtweg mit dem Umstand, dass für diese Kommunikationskanäle junge, motivierte Mitarbeiter eingesetzt werden. Menschen, die helfen wollen. Menschen, die Probleme zu lösen versuchen, statt mit den Allgemeinen Geschäftsbedingungen (AGB) zu wedeln.

Das ist ein guter Anfang. Doch wenn dahinter ein Konzern steht, der sich seit Jahren durch die weitgehende Absenz von Kundenservice auszeichnet, dann kann so ein Social-Media-Kanal kaum mehr sein als das, was man im Englischen *window dressing* nennt: ein Satz hübscher Gardinen, über ein morsches Gemäuer gehängt.

Möglicherweise ist Social Media für die Manager bei Bahn oder Telekom sogar eine praktische Ausrede. Statt nicht-funktionierende Serviceprozesse grundlegend zu reformieren, setzt man einfach zehn junge Hipster mit Laptops in ein Loftbüro und lässt ansonsten alles beim Alten. Das ist schade, denn mein Eindruck ist, dass sich diese Twitter-Teams ernsthaft Mühe geben. Sie sollten mit ihrem Esprit für den Rest der Belegschaft Vorbild sein, nicht Feigenblatt.

Wegen meines fehlerhaften Rechnungspostens wurde ich übrigens nochmals bei »Telekom hilft« vorstellig. Die Dame war erneut sehr freundlich. Geholfen hat es nichts.

Schluss mit dem Verständnis!

Als ich die Anzeigetafel am Eingang des Kölner Flugha-
fens erblicke, ahne ich, dass mir die Lufthansa heute wenig Freude bereiten wird. Hinter meinem Flug steht »Neue
Zeit«. Das ist wohl Kölscher Dialekt für »Verspätet«.

Mit anderen Leidensgenossen warte ich an einem Gate,
das etwa so viele Annehmlichkeiten bietet wie das Ur-
laubsterminal eines bulgarischen Billigfliegers. Getränke?
Nö. Zeitungen? Fehlanzeige. Im Angebot sind nur stickige
Luft und nackter Beton.

Irgendwann meldet sich eine blecherne Frauenstimme.
Der Flieger sei spät in Köln angekommen und auch noch
gar nicht gewartet worden. Es werde dauern – wie lange,
das könne man nicht sagen. Dafür bitte man aber um Verständnis.

Verständnis? Wie bitte? Ich habe diese Formulierung un-
endlich satt. Wenn die Bahn, die Lufthansa oder ein be-
liebiger anderer Dienstleister etwas versemmelt, bitten sie
häufig um Nachsicht und Mitgefühl. Um Entschuldigung
bitten sie nicht. Sie appellieren lieber an Tom König, den
Verkäuferversteher.

Versuchen Sie es mit dieser Nummer doch mal im
Job. Gehen Sie am Tag der Deadline zu Ihrem Vorgesetz-
ten und erklären Sie: »Chef, schlechte Nachrichten. Ich
hab's total vermasselt. Du darfst jetzt mit leeren Händen
zum Oberboss schleichen. Außerdem will ich mich für
den Schlamassel nicht entschuldigen. Vielmehr bitte ich
dich um freundliche Nachsicht. Du verstehst das schon,
oder?«

Probieren Sie es aus. Nur Mut. Sie wollten doch ohnehin den Arbeitgeber wechseln, oder?

Im Servicebereich ist derlei Chuzpe gang und gäbe. Nun sind wir hier nicht bei Bastian Sick. Und man könnte argumentieren, dass die Diskussion, ob man lieber um Verständnis bittet oder um Entschuldigung, in einer Sprachkolumne besser aufgehoben wäre. Dass sie im Übrigen aus Kundensicht unwichtig oder gar nickelig ist.

So ist es aber nicht. Es geht um die elementare Frage, ob man seinen Kunden als jemanden sieht, den es auf Händen zu tragen gilt – oder als lästige Nebenbeschäftigung.

Wer seinen Passagieren bei einem 40-Minuten-Flug eine fast einstündige Verspätung einbrockt und sie dann auffordert, nicht sauer zu sein, sondern vielmehr Verständnis für das arme, gestresste Flugpersonal sowie die Umstände im Allgemeinen und Speziellen aufzubringen, der gehört meiner Meinung nach klar in die zweite Kategorie.

Dieses Heischen nach Verständnis scheint mir ein zutiefst teutonisches Phänomen zu sein. Ich habe es im angelsächsischen oder französischen Sprachraum nie erlebt, dass ständig um Nachsicht gebeten wurde. Stattdessen entschuldigt man sich bei seinem Gegenüber – und zwar pausenlos. Nicht nur in der Kunden-Verkäufer-Beziehung, sondern auch in allen anderen Lebensbereichen.

Diese Inflation der Abbitte führt natürlich dazu, dass eine Entschuldigung weniger Gewicht hat. Man bricht sich folglich mit einem »Sorry« oder »Pardon« keinen Zacken aus der Krone. Die Entschuldigung scheint in diesen Ländern eine andere Funktion zu haben als bei uns. Man zeigt seinem Gegenüber, dass man ihn ernst nimmt und freundlich bemüht ist, ihm zu helfen. Es geht um Entgegenkommen. Nicht um mehr – aber auch nicht um weniger.

Für den deutschen Dienstleister hingegen ist eine Entschuldigung – selbst eine gehauchte – synonym mit einem profunden Schuldeingeständnis. Und das gilt es unbedingt zu vermeiden:

- Erstens, weil man persönlich als kleines Rädchen nichts dafür kann, dass die Boeing in München zu spät losgeflogen ist.
- Zweitens, weil die eigene Firma eigentlich nur Opfer der widrigen Umstände ist, Wetter, Tower und so weiter.
- Und drittens, weil man als Unternehmen auf keinen Fall einem möglichen Regress Vorschub leisten will. Wenn man Schuld eingesteht, dann kommt der Kunde womöglich gleich auf dumme Gedanken.

Viele Dienstleister glauben, dass Zurückweichen ein Zeichen von Schwäche ist. So denken freilich nur Feiglinge. Mutige, souveräne Firmen entschuldigen sich. Denn eine Entschuldigung signalisiert, dass man bereit ist, Verantwortung zu übernehmen. Für Fehler. Für seine Mitarbeiter. Für seine Kunden.

Man kann nur hoffen, dass deutsche Firmen diese Geisteshaltung irgendwann von den Briten, US-Amerikanern und Franzosen übernehmen – und nicht umgekehrt. Wie viele andere Unternehmen übersetzt nämlich auch die Lufthansa ihren Spruch inzwischen. Die englische Durchsage in Köln endet mit: »Senk ju for jua keint anderständing.«

Am Anfang war das Passwort

Für diese Kolumne waren drei Passwörter notwendig. Eines, um den Rechner anzuknipsen. Eines, um Google Documents zu starten. Und ein weiteres, um den Online-Zettelkasten zu öffnen, in dem ich meine Gedanken aufbewahre.

Fast wäre diese Artikelmaske jedoch leer geblieben und Sie hätten eine qualitativ fragwürdige Konkurrenzkolumne lesen müssen. Aus unerfindlichen Gründen verweigerte mein Gehirn nämlich eines Morgens die Herausgabe des alphanumerischen Schlüssels. Auch Kaffee half nicht.

Ich verfluchte mich, weil ich für mein Web-Notizbuch ein extrakompliziertes Passwort gewählt hatte. Bei allem anderen verwende ich »k47koeni«, einen Code, den man mir 1994 am Uni-Rechenzentrum ausgehändigt hat. Für den Zettelkasten hatte ich mir jedoch etwas Neues ausgedacht – ausdenken müssen, denn nach jedem Vorschlag beschied mir das Programm, mein Code sei »schwach«.

Da ich mich von einem Klumpen Silizium ungern als Schwachmat beschimpfen lasse, verwandelte ich mich kurzerhand in Tom König, die menschliche Enigma-Maschine. Ich ersann ein Passwort, bei dem der Büchse der Strom wegblieb. Filigran. Kryptisch. Unhackbar. Der Rechner lobte mein Codekunstwerk als »sehr stark«.

Was leider synonym ist mit: Kann sich kein Schwein merken.

Nun musste ich um ein Ersatzpasswort bitten. Der Computer wollte es mir per E-Mail schicken. Leider hatte ich vergessen, unter welcher meiner zehn Adressen ich mich angemeldet hatte.

Immerhin, Kumpel Compi zeigte Nachsicht und stellte mir eine Erinnerungsfrage: »Was war Ihre erste CD?«

CD? Als ich jung war, hatten wir Schallplatten. Meine erste LP? Könnten die Sex Pistols gewesen sein, vielleicht auch Boney M.

Passwörter nerven, und sie sind schlechter Service. Kaum ein Unternehmen macht sich Gedanken darüber, wie Kunden es schaffen sollen, Dutzende, ja Hunderte Login-Passwort-Kombinationen zu behalten.

Deshalb ist das am häufigsten verwendete Passwort Studien zufolge »123456«, dicht gefolgt von Krachern wie »letmein« und »cheese«. Jaha, da klopfen sich die Jungs aus der IT-Abteilung auf ihre Karottenjeans. »123456«! ROTFL! So blöd ist der User!

Die EDV-Profis versuchen deshalb, uns zu erziehen. Immer alphanumerische Codes und Großbuchstaben zu verwenden, ist eine Empfehlung. Eine andere lautet, mnemonische Passwörter zu benutzen, also solche mit eingebauter Gedankenstütze. Wie »DmC2tl« für »Drove My Chevy to the Levee« aus dem Ohrwurm »American Pie«.

Kundenfreundlich? Nein. Sicher? Nicht besonders. Forscher der Carnegie Mellon University fanden heraus, dass sich solch vermeintlich clevere Passwörter leicht knacken lassen, weil Menschen stets die gleichen Songs und Gedichte dafür verwenden. Nutzer haben deshalb »das Gefühl, als seien diese ganzen Regeln sinnlos. Und sie haben recht.« Das sagt niemand Geringeres als Bill Cheswick, der Erfinder der Firewall.

Wieso muss ich dann als Kunde trotzdem überall Codes eintippen, so als ob ich der Held eines schlechten Science-

Fiction-Films aus den Sechzigerjahren wäre? Warum lassen wir uns nicht etwas einfallen, das besser funktioniert und benutzerfreundlicher ist? Woher kommt diese blödsinnige Passwortkultur?

Sie kommt aus den IT-Abteilungen, diesem Hort von Servicekultur und Erfindergeist. Jeder, der einmal in einem größeren Unternehmen gearbeitet hat, weiß: Bei jeder Neuerung schiebt die EDV Sicherheitsbedenken vor.

Besonders sinnlos erscheint einem dieser Passwort-Fetischismus, wenn Hacker wieder einmal die digitale Schatzkammer eines Unternehmens ausplündern. Bei Sony erhackten sich Gauner über hundert Millionen Playstation-Datensätze. Egal, ob das Passwort der Betroffenen »xQTt2728!« oder »mutti« lautete – ihre Kreditkarteninfos waren so oder so futsch.

Das Absurdeste jedoch ist: Je wichtiger eine Dienstleistung für den Kunden ist, desto laxer sind die Passwort-Regeln. Während ich für Online-Spiele und Kleinanzeigenportale Codes von der Komplexität einer DNS-Doppelhelix benötige, reicht für Bankkonto und Handy seltsamerweise ein vierstelliger Zahlencode.

Wieso? Weil es nicht anders geht. Man stelle sich vor, Millionen von Kunden stünden am Montagmorgen vor Deutschlands Geldautomaten und versuchten verzweifelt, sich an den Kosenamen ihres verstorbenen Meerschweinchens zu erinnern.

Oder sie müssten einander vor jedem Handygespräch zunächst die erste Strophe von »American Pie« vorsummen. Das wäre bestimmt total sicher. Aber das globale Wirtschaftssystem würde binnen Stunden kollabieren.

»Halloooo, wir machen jetzt ein superkurzes Interview«

Während ich gerade drei Einkaufstüten und meinen übellaunigen Sohn Toni über die Straße zu bugsieren versuche, klingelt mein Handy. Es sind die Schrauber von Auto Teile Unger (ATU). Sie wollen gerne wissen, wie denn meine letzte Kfz-Reparatur so gelaufen ist.

»Nicht so gut«, sage ich. »Es gab Probleme mit ...«

Weiter komme ich nicht, dann schneidet mir die Callcenterdame das Wort ab: »Ich lese Ihnen jetzt Aussagesätze vor. Sie benoten die dann bitte mit Schulnoten, von 1 bis 5.«

Von 1 bis 5? Gibt es an der ATU-Gesamtschule keine Sechsen? Ich frage nicht, sondern füge mich in die mehrminütige Prozedur. Eigentlich sind meine Erfahrungen mit ATU gut, diesmal jedoch würde ich gerne ein Griechenland-mäßiges Rating für die schlechte Erreichbarkeit des Kundencenters vergeben. Aber dazu stellt die Frau mir leider keine Frage. Nachdem ich ihr durch den Verkehrslärm mehrere Minuten lang Zahlen zugebrüllt habe, ist mein Bus weg.

Alle wollen neuerdings bewertet werden. Früher gab es das vor allem bei eBay-Auktionen, doch neuerdings scheinen die Unternehmen zu glauben, ich sei nicht Kunde König, sondern Standard & Poor's. Und würde mich ergo hauptberuflich damit beschäftigen, Ratings zu vergeben, für Produkte, Firmen, Verkaufspersonal.

Shoppen könnte so schön sein, wenn nach dem Einkauf Ruhe im Karton wäre. Aber Zalando möchte kurz noch wissen, ob mein schwarzes T-Shirt eventuell zu groß ausfällt. Und die Telekom sorgt sich, ob mein iPhone-Verkaufsgespräch tolerabel verlief.

Früher, da gab es diese aufdringlichen Typen mit den Clipboards. Sie lungerten in Fußgängerzonen und vor Einkaufszentren herum und versuchten, einen für »superkurze Umfragen« oder Produktverkostungen zu gewinnen. Man konnte sie meist verscheuchen, durch lautes Knurren oder indem man drohend die Faust schwenkte.

Bei modernen Marktforschern gestaltet sich das schwieriger. Die haben ja schon einen Fuß in der Tür, mitunter sogar ein ganzes Bein. Sie besitzen meine E-Mail-Adresse, häufig sogar meine Handy-Nummer. Die hatte ich beispielsweise bei ATU hinterlassen, damit man mir mitteilt, wann mein Auto fertig ist. Stattdessen rief die Marktforschung an. ATU erklärt, man verwende Handynummern nur, wenn die Kunden der Verwendung ihrer Daten nicht widersprochen haben.

Es ist mir völlig schleierhaft, welchen konkreten Wert die so erhobenen Daten haben. Die Umfragen bestehen fast immer aus rasant abgefeuerten Salven von zu bewertenden Aussagesätzen wie: »Das Personal grüßte freundlich« oder »Die Schnickschnack AG stellt Nippes von höchster Qualität her«. Nie, wirklich nie fragt einer nach den realen Problemen, die ich mit dem Unternehmen hatte.

Des Weiteren sind derlei Umfragen, wie einem jeder diplomierte Sozialwissenschaftler bestätigen kann, generell problematisch. Warum? Weil Menschen erstens dazu neigen, geschlossene Fragen mit »Ja« zu beantworten, und zweitens bei Ratings von eins bis fünf meistens die »drei« zu wählen. Ist das Ereignis schon ein paar Tage her, erinnern sie sich drittens außerdem falsch. In der sozialwissenschaftlichen Methodenforschung bezeichnen wir diese Phänomene deshalb als »Akquieszenz«, »Tendenz zur Mitte« und »Recall Bias«.

Führt man eine Umfrage ferner durch, während der Proband, also ich, gerade seinen Vierjährigen davon abhalten muss, sich überfahren zu lassen, sind Genauigkeit und Zuverlässigkeit der Erhebung komplett für die Tonne. In der sozialwissenschaftlichen Methodenforschung bezeichnen wir dieses Phänomen deshalb als »Trashcan Bias«.

Unternehmen, die für mich sonst nie erreichbar sind, verschwenden also meine Zeit, um Daten zu generieren, die mein Problem nicht lösen und ihres ebenfalls nicht. Da waren mir die Typen mit den Clipboards doch irgendwie lieber.

Vor vielen Jahren wurde ich in der Fußgängerzone eingeladen, zu Marktforschungszwecken an einer Eisverkostung teilzunehmen. Auch hier erschien mir die wissenschaftliche Methodik eigenwillig: Bevor er mich den Soziologen übergab, raunte mir Mr. Clipboard zu: »Das Wichtigste ist, dass Sie immer sagen: ›Cornetto ist am leckersten‹.«

Schon damals: Zeitverschwendung und Mickymaus-Marktforschung. Aber anders als bei diesen Telefon- und Internetumfragen war ich danach wenigstens satt.

Heute ein Callcenterkönig

Frau Haselmann ist wahnsinnig aufgeregt. »Isch habe do falsch gegliggd. Dabei wollde isch doch Roodenzahlüng!« Frau Haselmann ist laut Computerdisplay Ende sechzig und wohnt in Dresden. Sie hat auf Otto.de ein Handy bestellt, zur Sofortzahlung. Und nun kratzt sie ein bisschen am Putz, denn eigentlich wollte sie das Gerät lieber abstottern – per »Roodenzahlüng«.

Das nachträglich zu ändern, wäre kinderleicht – wenn man verstünde, was genau Frau Haselmann möchte. Aber ich habe da so meine Schwierigkeiten. Denn sie sächselt in hohem Tempo und die Verbindung rauscht und knarzt. Frau Bartels, die Otto-Kundenbetreuerin neben mir, kommt gar nicht dazu, ihren Lösungsvorschlag vorzubringen. Denn Frau Haselmann redet durch, ohne Pausen.

Ich sitze im Kundencenter des Hamburger Otto-Versands, einem riesigen Großraumbüro mit Hunderten Funktionsarbeitsplätzen. Wenn ein Konsument bei Otto anruft, landet er häufig hier. Seit über einer Stunde lausche ich den Telefonaten, die Frau Bartels führt. Gerade hat sie einen echten Härtefall an der Strippe. Es ist ein junger Mann, der eine Schrankwand bestellt hat. Deren Liefertermin lässt sich nicht halten, und Frau Bartels muss ihm das irgendwie beibiegen.

»Ich sage es ihnen ganz ehrlich, Herr Bürgel. Es nutzt ja nichts, wenn ich Ihnen Märchen erzähle. Vor übernächster Woche wird es nichts.« Während sie das sagt, checkt sie seinen Schufa-Eintrag. Der ist okay, allerdings hängt die Ratenzahlung für seinen Computer etwas hinterher.

Herr Bürgel stöhnt. »Das kann doch wohl nicht wahr sein! Genauso eine Scheiße wie neulich mit dem Notebook!«

»Was war damit, Herr Bürgel?«

»War auch alles im Arsch, irgendwie.«

Frau Bartels wechselt auf ihrem Schirm zwischen mehreren Masken hin und her, so schnell, dass ich kaum folgen kann. Später wird sie mir erklären, der Kunde habe sich bisher nach jeder Bestellung beschwert – und jedes Mal einen Preisnachlass erhalten. Nachdem die Agentin den jungen Mann eine Viertelstunde lang geknetet hat, frisst er ihr aus der Hand.

»Ich mache Ihnen einen Gutschein fertig«, flötet sie. Sind Sie jetzt zufrieden, Herr Bürgel?«

»Mmmmh.«

»›Mmmmh‹ reicht mir nicht. Ich will, dass wir beide glücklich hier rausgehen. Und dass Sie einmal sagen: ›Otto find ich gut‹.«

Was er dann tatsächlich tut. Diese Frau Bartels ist verdammt gut. Mit ihrer hanseatischen Herzlichkeit schafft sie es, fast jeden Kunden für sich einzunehmen. Und während sie im Plauderton Lösungsvorschläge unterbreitet, überprüft sie Bonität, Bestellhistorie, Angebotsdetails und Notizen, die andere Servicemitarbeiter in der Kundendatei hinterlassen haben. Sie ist, kurzum, die perfekte Callcenteragentin.

Callcenter habe ich am Anfang dieses Buchs als Vorhölle des Kapitalismus bezeichnet, wegen des für den Kunden oft unterirdischen Serviceerlebnisses. Da kaum etwas die Leser meiner Kolumne so sehr aufzuregen scheint wie Warteschleifen, wollte ich mich mal am anderen Ende der Leitung umschauen. Die Agentin ist das Positivbeispiel, das mir die Negativbeispiele verständlich macht. Tom König live und ungefiltert in sämtliche Telefonate hineinhören zu lassen, stellt für Otto natürlich ein Risiko dar. Um es zu minimieren, hat mir das Unternehmen eine Topmitarbeiterin an die Seite gestellt. Ob die restlichen Otto-Agenten genauso gut sind wie Frau Bartels, kann ich nicht beurteilen. Aber mir wird klar, welche Fähigkeiten ein guter Callcenteragent besitzen muss: Empathie, Kommunikationsvermögen, Multitasking- und Entscheidungsfähigkeit. Und bei alledem sollte er stets fix im Kopf sein.

Wenn man solch hoch qualifizierte Leute hat – prima. Wenn nicht, muss das Unterfangen, ordentlichen Service zu bieten, zwangsläufig scheitern. Denn in jedem Kundengespräch gibt es etliche Dinge, die schieflaufen können. Dinge, die Kunden wütend machen. Nur gute Mitarbeiter, die umsichtig und schnell reagieren, können das wuppen. Hat man die nicht, ist das Ergebnis entsprechend. Und Unternehmen, die sich wie Otto rund 1200 festangestellte, geschulte und ordentlich bezahlte Agenten leisten, sind eben leider die Ausnahme.

Ob ich wohl ein guter Agent wäre? Vermutlich nicht, neben diversen anderen Qualifikationen fehlt es mir an Geduld. Nach dem fünften Kunden fühle ich mich bereits ermattet. Und dann kommt Frau Mittes aus Gelsenkirchen und gibt mir den Rest. Frau Mittes ist 19 und hat für 39 Euro eine Handtasche von »Samantha Look« bestellt, mit mehr Glitzerapplikationen als ein Weihnachtsbaum.

»Die Schnalle ist ganz zerkratzt«, klagt sie. »Was mache ich denn jetzt?«

»Wir schicken Ihnen eine neue«, säuselt Frau Bartels.

»Oh Gott, kommt die denn noch rechtzeitig? Ich brauche die doch morgen für die Party.«

Teenie-Handtaschenparty in Gelsenkirchen, ein echter Notfall. Gut, dass ich kein Mikro habe. Sonst wäre jetzt mein Stoßseufzer zu hören. Frau Bartels hingegen sichert gut gelaunt eine Expresslieferung zu, Frau Mittes ist happy. Ich schaue auf die Uhr. Puh. Wenn ich hier arbeitete, wäre ich noch nicht einmal bei der ersten Kaffeepause.

»Dauert ja nicht mehr lange, Herr König«, sagt Frau Bartels. »Denken Sie nur: Wenn Sie bei Otto arbeiten wollten, egal wo, dann müssten Sie die ganze Woche hier bleiben.«

Das wäre in der Tat eine größere Geduldsprobe – eine, die Otto übrigens all seinen Mitarbeitern abverlangt. Egal ob Buchhalter, EDV-Schrauber oder Direktor – der Vorstand hat verfügt, dass jeder Neuzugang sechs Tage ans Telefon muss. Damit er versteht, worauf es bei Kundenservice ankommt. Mir fallen ein paar andere Unternehmen ein, die sich daran ein Beispiel nehmen sollten.

Kündige, wenn du es schaffst

Auf der Reeperbahn kann man einen Beruf in Aktion erleben, den es so kaum noch gibt: den des Koberers. Der Koberer steht vor Animierlokalen oder Tischtanzschuppen. Sein Job ist es, vorbeiflanierende Konsumenten *anzukobern* und für sein Etablissement zu begeistern. Ein guter Koberer vermittelt glaubhaft, man könne in die »Nasse Katze« ganz unverbindlich reinschauen – und sie bei Nichtgefallen jederzeit wieder verlassen.

Sobald der Koberer den Kunden über die Schwelle bugsiert hat, muss Letzterer freilich erkennen, dass drinnen eine Überzahl leichter Mädchen und schwerer Jungs das Sagen hat. Klar darf er wieder gehen, aber erst nach dem Verzehr dreier Herrengedecke zu je 100 Euro.

Es gibt auf dem Kiez nur noch ein paar Läden, die so operieren. Warum? Weil die meisten Koberer umgeschult haben. Sie arbeiten jetzt in den Vertriebsabteilungen diverser Versorger und Telekomfirmen.

Kennen Sie das? Vertragsabschluss ganz easy per Mausklick, Kündigung nur auf handgemeißelter Marmortafel in fünffacher Ausfertigung. Normalerweise schockt mich so etwas nicht, derlei ist schließlich Kunde König sein täglich Schiffszwieback.

Aber als ich einen Internet-Hostingvertrag bei 1&1 kündigen wollte, traf ich auf einen Gegner, der mir mehr als ebenbürtig war.

Die Anmeldung war eine Sache von fünf Minuten gewesen. Aber kündigen? Die Suchfunktion der Firmenseite spuckt nichts Brauchbares aus. Ich erwäge deshalb eine Millisekunde lang, die Kündigungsmodalitäten per Anruf zu erfragen.

Doch wer 1&1 kennt, meidet deren Telefonhotline. Zu gering scheint die Chance, dort in einem angemessenen Zeitraum auf ein menschliches Wesen zu treffen. Stattdessen versuche ich es über das Online-Kundencenter. Dort kann man alles rund um seinen Vertrag erledigen: Domains buchen, Speicherplatz kaufen, E-Mail-Adressen löschen. Kündigen aber nicht.

Pah, denke ich. Standardtricks, die einen Tom König nicht abschrecken. Nach einigem Rumgeklicke finde ich heraus, dass es eine Spezialseite für Kündigungen gibt. Dort storniere ich den Vertrag. Das heißt: Ich versuche es. Zunächst muss ich an einer Zufriedenheitsumfrage teilnehmen, die man nicht wegklicken kann. Das macht mich unzufrieden, aber immerhin teilt mir die Seite mit, nun sei mein »Kündigungswunsch vorgemerkt«.

Was gemerkt? Vorgemerkt.

Wo nämlich das Ende sein sollte, ist beim DSL-Basar aus Montabaur erst der Anfang. Nun erhalte ich eine Vorgangsnummer. Die, steht auf dem Bildschirm, müsse ich einem Mitarbeiter der Hotline vorflöten.

Ich hänge mich an den Hörer. Aus der Muschel tönt Elektrogedudel. Passender wäre Mike Krügers Hit »Sie müssen nur den Nippel durch die Lasche zieh'n«. Nach 15 Minuten meldet sich jemand. Stolz nenne ich ihm meine Vorgangsnummer. »Gut, Herr König, dann schalte ich das Formular frei.«

Wie, Formular? Ich unterdrücke den aufkommenden Weinkrampf und murmele leise: »Ich dachte, das wär's jetzt?«

»Fast. Fast geschafft«, antwortet der Mitarbeiter heiter.

Erleichtert öffne ich das Online-Vertragscenter. Ich möchte jetzt endlich auf den »Kündigen«-Button klicken, gerne mehrfach. Den gibt es natürlich nicht. Stattdessen hat sich ein Kündigungsformular materialisiert, das ich ausdrucken, ausfüllen und unterschreiben soll. Auf ihm ist eine Faxnummer vermerkt, an die man das Ganze schicken soll.

Ich muss kurz nachdenken. Was war das noch, Fax? Richtig: Das sind diese Geräte, mit denen man früher Nachrichten verschickte. Habe ich nicht. Und das bei meiner Frau im Büro?

»Hat die EDV vergangenen Monat weggetan, weil es niemand mehr benutzt hat«, sagt Tanja.

Spiel, Satz und Sieg: 1&1. Dieses Kündigungsprozedere ist wahrlich ein schlechter Witz. Ebenso wie die Tatsache, dass das ein Unternehmen mit diesem ungemein kundenunfreundlichen Verfahren mit Marcell D'Avis Deutschlands wohl einzigen »Leiter Kundenzufriedenheit« besitzt. In zahlreichen TV-Werbespots versichert der sportliche Manager seinen Kunden, sie stünden stets im Mittelpunkt. Da es das skizzierte Kündigungsprozedere allerdings schon seit Jahren gibt, muss man sich fragen, ob der Mann seinen Job ernst genug nimmt.

Irgendein Exkoberer im Marketing hält so etwas vermutlich für cleveren *customer flow*. Man muss jedoch kein BWL-Studium absolviert haben, um Folgendes zu verstehen: Wer zahlende Konsumenten durch so ein Labyrinth hetzt, gewinnt durch diese Hinhaltetaktik vielleicht einen weiteren Monatsbeitrag. Gleichzeitig verliert er den Kunden auf ewiglich und immerdar.

In Montabaur sieht man das natürlich anders. Nachdem ich einem Unternehmenssprecher die Kündigungsprozedur dargelegt habe, erklärt dieser: »Ich kann daran nichts Kompliziertes erkennen.« Außerdem gebe es auf der Internetseite des Anbieters einen Artikel, der alles Schritt für Schritt erkläre. Den Link finde ich auf der Hilfeseite tatsächlich. Ich klicke darauf und bekomme eine Fehlermeldung: »Die gewünschte Seite konnte leider nicht gefunden werden.«

Ich hab das Faxen dicke

Weil ich wohl nicht umhinkomme, meine Kündigung per Fax zu versenden, mache ich mich im Bekanntenkreis auf die Suche. Es stellt sich heraus, dass mein Kumpel Christian in seinem Schwabinger Architektenbüro tatsächlich noch eines stehen hat. »Wird nie benutzt, aber du kannst gerne vorbeikommen«, sagt er.

Das Fax ist von Olivetti, die Plastikabdeckung ist vom Zigarettenrauch schon ganz bernsteinfarben. Aber es scheint zu funktionieren. Bei den ersten beiden Versuchen bekomme ich ein Besetztzeichen, dann verschwindet mein Kündigungsschreiben surrend in der Maschine.

Ich verspüre ein Triumphgefühl. Das war nicht ganz einfach, aber ein Tom König gibt eben nicht so schnell auf. Das altersschwache Gerät gibt ein Bestätigungsfiepen von sich. Auf Nimmerwiedersehen! Marcell Davis, der »Leiter Kundenzufriedenheit 1&1«, und ich, wir gehen fortan getrennte Wege.

Das zumindest glaubte ich in jenem Moment. Inzwischen weiß ich, dass unsere zerrüttete Problembeziehung noch nicht ganz vorbei ist. Denn Marcell klammert.

Monate später erhalte ich eine E-Mail von 1&1. Es ist eine Rechnung für den Hostingvertrag, den ich im Jahr zuvor gekündigt hatte. Das Geld wurde bereits abgebucht. Ich lese den Schrieb dreimal durch. Ist das vielleicht ein Restbetrag, der noch fällig war?

Träum' weiter, König. Da steht etwas von »Grundgebühr«. Die lassen meinen Vertrag in diesem Jahr einfach weiterlaufen.

Ich schreibe an den 1&1-Service. Eine Kopie des unterschriebenen, mit Datum und Unterschrift versehenen Kündigungsfaxes schicke ich mit. 1&1 bittet mich daraufhin, »noch mal ein formloses Kündigungsschreiben zu senden, damit wir den Vertrag sofort auflösen können«. Sofort auflösen – das klingt kulant, oder? Gerissen wäre wohl das passendere Adjektiv. Denn durch eine erneute Kündigung gestünde ich schließlich ein, dass die vorherige fehlerhaft war – und dass ich die noch ausstehenden 120 Euro bezahlen werde.

Nee, Marcell. Das läuft nicht.

Es kommen weitere Rechnungen. Ich widerspreche allen. Der Kundenservice teilt mir nun mit, es sei lediglich das Formular K-33376709-44 eingegangen, mit dem einzelne Domains gekündigt wurden – nicht aber das entscheidende K-33613604-41, das für eine Vertragskündigung notwendig gewesen wäre.

Dabei bin ich mir todsicher, dass alle Blätter durchgegangen sind, denn ich stand die ganze Zeit schwitzend neben dem Fax. Ein Mysterium! 1&1 fordert von seinen Kunden, Kündigungen stets per Vordruck an die 01805-001372 zu faxen. Man darf annehmen, dass es sich um eine stabile Leitung handelt. Denn erstens ist 1&1 ja vom Fach, und zweitens kann die Firma kaum ein Interesse daran haben, dass Schriftverkehr verloren geht.

Aber anscheinend ist diesmal just in jenem Moment, als das wichtigere der beiden Formulare durchs Glasfasernetz flitzte, irgendwas schiefgegangen. Sonnensturm, Serverausfall, Computervoodoo – wer weiß? Man hat ja schon Pferde vor dem Verteilerkasten kotzen gesehen.

Es ist, das lerne ich nun, gar nicht so einfach, den Eingang einer Kündigung nachzuweisen. Das Ganze kann einen in den Wahnsinn treiben. Juristisch gesehen verhält es sich so: Derjenige, der sich auf den wirksamen Zugang beruft, trägt die Beweislast – also der Konsument. Das wissen auch die Unternehmen. Und sie verhalten sich entsprechend.

Nachdem ich auf SPIEGEL ONLINE über das Kündigungsprozedere von 1&1 geschrieben habe, kontaktiert mich ein ehemaliger 1&1-Manager. Wir unterhalten uns über das Geschäftsgebaren seines Ex-Arbeitgebers. Ich frage ihn, ob in Montabaur öfter Kündigungsschreiben verloren gehen.

Er lacht.

Sicherlich sei die komplizierte Kündigungsprozedur dazu da, »Leute davon abzuhalten zu kündigen«, erklärt er. Man setze eben »auf die Faulheit des Kunden«. Der Manager ist verwundert darüber, dass so viele Menschen die vorgegebene Faxnummer benutzen: »Womit viele Kunden ein Problem haben, ist, sich mal das BGB zur Hand zu nehmen.« Dem sei schließlich zu entnehmen, wie man richtig kündigt. Der Mann kennt seinen Exladen offenbar gut und rät deshalb bei allen 1&1-Vertragsangelegenheiten zu folgendem Vorgehen: »Brief aufsetzen, Einschreiben mit Rückschein, Beweissicherung – erledigt.«

Das Unternehmen scheint inzwischen auch zu erkennen, dass dieses ganze Kündigungsbohei viele Kunden verärgert. »Künftig«, erklärt ein Sprecher auf Anfrage, »wird es ganz einfach über das Control Panel möglich sein zu kündigen. Der neue Prozess wird derzeit implementiert und in Kürze zur Verfügung stehen.«

Das ist begrüßenswert, hilft mir aber erst einmal wenig. Denn nachdem ich alle abgebuchten Rechnungsbeträge per Rücklastschrift zurückgeholt habe, wird der Ton deutlich unfreundlicher. Die nächste Mail von 1&1 listet ultimativ die Gesamtforderung auf, droht mit der Abschaltung meiner (bereits umgezogenen) Domains und kommt von der E-Mail-Adresse inkassoschutz@1und1.de.

Inkassoschutz? Ganz rührend, wie mich Marcell D'Avis vor den Kredithaien beschützen möchte.

Mal sehen, was als Nächstes kommt. Das Fax von 1&1 scheint nicht nur bei mir einen Schluckauf zu haben. Mehrere SPIEGEL-ONLINE-Leser berichten von verloren gegangenen Schriftwechseln. Und davon, dass einem selbst eine Sendebestätigung nicht unbedingt weiterhilft. »Warteschleife«-Leser Fabian B. etwa faxte einen Beschwerdebrief an 1&1. Als er später telefonisch beim Kundenservice deswegen nachhakte, behauptete dieser zunächst, das Schreiben sei nicht angekommen.

B. verwies auf die Sendebestätigung, die ihm vorliege. Ja, durchgegangen sei das Fax schon, erklärte ihm daraufhin der 1&1-Mitarbeiter. Aber das Blatt sei leider vollständig leer gewesen.

Wen bitte interessiert der BGH?

Das Bundesverfassungsgericht ist zu seinem 60. Geburtstag allerorten gefeiert worden. Doch aus Verbrauchersicht ist der Bundesgerichtshof (BGH) der ungleich größere Held. Immer wieder tritt er kundenfeindlich agierenden Unternehmen vors Schienbein: Wiederholt hat er die Anhebung der Gaspreise für unwirksam erklärt oder die Rechte von Anlegern gegenüber Banken gestärkt. BGH-Urteile haben Signalcharakter, andere Gerichte orientieren sich an ihnen.

Doch bei meinem Kampf mit 1&1 lerne ich eine traurige Wahrheit: Vielen Unternehmen geht der BGH am Allerwertesten vorbei.

Es ist erstaunlich, mit welcher Penetranz der Gerichtshof und seine Urteile bisweilen ignoriert werden. Ein besonders krasses Beispiel ist der seit Jahren währende Streit um Rücklastschriften. Da ich einige Rechnungsbeträge zurückhole, die 1&1 von meinem Konto eingezogen hat, lerne ich etwas über die seltsame Rechtspraxis bei Lastschriften.

Kunden dürfen Abbuchungen zurückweisen – falls ihr Konto nicht gedeckt ist, passiert dies automatisch. Firmen verlangen dann gerne eine saftige Strafgebühr, mit der Begründung, ihnen entstehe durch Rücklastschriften ein zusätzlicher Aufwand, und für den habe der Kunde geradezustehen. Rekordhalter war hier lange die Fluglinie Germanwings. Sie forderte bei Rücklastschriften fette 50 Euro.

Der BGH hat das jedoch für unrechtmäßig erklärt. Das Gericht entschied 2009, man dürfe Kunden nur die tatsächlichen Kosten einer Rücklastschrift abknöpfen – also jenen

Betrag, den Banken einander für den Vorgang berechnen. Und der beträgt laut Lastschriftabkommen drei Euro.

Bei »anfallenden Personalkosten« etwa handelt es sich nämlich »nicht um einen Schaden, sondern um Aufwendungen zur Durchführung des Vertrages«, sagt der BGH. Oder salopper ausgedrückt: allgemeines Unternehmerrisiko, Jungs. Dafür müsst ihr schon selber aufkommen.

Interessiert hat das kaum jemanden. Die bereits abgemeierte Airline Germanwings will jetzt »nur noch« 12,33 Euro. O2 und E-Plus fordern laut ihren Gebührenlisten 19 respektive 15 Euro. War da nicht was? Ach wo! »Die Regelung steht nicht im Gegensatz zur aktuellen Rechtsprechung«, behauptet etwa E-Plus.

Dabei sind die Chancen, bei einem Rechtsstreit mit diesen Gebühren durchzukommen, denkbar schlecht. »Die setzen darauf, dass bei diesem Streitwert niemand klagt«, sagt Peter Kehl von der Kanzlei Maurer, Wünsch und Goldberg. Er rät, die Forderung schriftlich zurückzuweisen. Dann sei man eigentlich auf der sicheren Seite.

Und der DSL-Anbieter 1&1? Er wollte für Rücklastschriften 9,60 Euro haben. Klingt einigermaßen moderat, doch selbst diese vergleichsweise niedrige Gebühr untersagte das OLG Koblenz unter Verweis auf die Rechtsprechung des BGH: Der »Verwaltungsaufwand gehört zum Aufgabenkreis des Unternehmers. Er hat diese Kosten selbst zu tragen.«

Als ich das hörte, schöpfte ich etwas Hoffnung. Denn ich befürchte, dass Marcell aus Montabaur für die 1&1-Abbuchungen, die ich habe zurückgehen lassen, eine saftige Strafgebühr in Rechnung stellen wird.

Aber das kann er jetzt ja nicht mehr. Denn der Richterspruch aus Koblenz bezog sich glücklicherweise auf genau jene Art von Hostingvertrag, die ich auch besaß. Also bin ich aus dem Schneider. Das Urteil ist bereits ein paar Monate alt, und ich schaue in den AGB von 1&1 nach, um wie viel das Unternehmen denn seine Rücklastschriftgebühr seitdem gesenkt hat.

Gesenkt? Laut den aktuellen AGB berechnet 1&1 für Rücklastschriften nun sogar zwölf Euro.

Ein Urteil eines Oberlandesgerichts zu überhöhten Gebühren zum Anlass zu nehmen, diese weiter zu erhöhen, darauf muss man erst einmal kommen.

Die Pressestelle von 1&1 rechtfertigt das Manöver übrigens mit genau jener Argumentation, die der BGH für nicht statthaft erklärt hat: »Bei einer geplatzten Abbuchung werden Bankgebühren und Arbeitsaufwand dem Verursacher belastet.« Damit habe man »die Rechtsprechung des OLG Koblenz umgesetzt«.

Hier kommt Hasso vom Inkasso

Der Internetanbieter 1&1 meint, er bekomme noch 125,58 Euro von mir, meine Kündigung per Fax sei schließlich nie eingegangen. Und mit der Mailadresse inkassoschutz@1und1.de hat das Unternehmen sehr deutlich gemacht, wer die Kohle eintreiben soll. Es sieht so aus, als ob Marcell D'Avis die Geduld verloren hat und mir nun die Bluthunde des Kapitalismus auf den Hals hetzt, die Roten Khmer des Kreditgewerbes, den Albtraum aller Kunden: das Inkasso.

Ich halluziniere das Schlimmste herbei. Jedes Mal, wenn es an der Tür klingelt, befürchte ich, dass es ein breitschultriger, kurz geschorener Mann in einer langen Glattlederjacke ist, der sich folgendermaßen vorstellt: »Gutten Tag. Ich komme von Fierrma Sewastopol Inkasso. Fierrma mich hat mandatiert, Ihnen zu brechän alle Geleenke von Fiengerr.«

Doch es kommt kein Inkassoeintreiber, es kommt zunächst nicht einmal Post. Erst nach rund acht Wochen melden sich die Häscher. Das liegt daran, dass 1&1 es versäumt hat, der Firma BFS Risk & Collection meine neue Münchner Anschrift mitzuteilen. Die Briefe verendeten deshalb wohl in irgendeinem Hamburger Briefkasten. Schuld daran, findet BFS, bin natürlich ich. Und deswegen soll ich nun 45 Euro zusätzlich berappen, für Adressermittlung und »Zustellungskosten«.

Damit wären wir auch schon beim Grundprinzip des Inkassos: Schuld ist immer der Kunde. Und diese Schuld lässt sich beziffern, in Zinsen, Mahnspesen, Verwaltungsaufwendungen. Widerworte, das lernt man schnell, sind nicht nur fruchtlos – sie kosten zudem viel Geld. Der Betrag, den Inkassounternehmen anmahnen, wird deshalb von Brief zu Brief nicht nachvollziehbarer oder gerichtsfester. Wohl aber höher, bis er irgendwann so schwindelerregend ist, dass König Kunde verängstigt aufgibt. Angst zu schüren, ist die Masche dieser Branche, und sie funktioniert hervorragend. Nach einer Untersuchung der Bundesverbraucherzentrale fühlen sich rund drei Viertel der Konsumenten von Inkassoschreiben bedroht und eingeschüchtert.

Es ist ein bisschen wie bei einer drohenden Kneipenschlägerei; mit Marcell würde ich mich vielleicht noch anlegen, auch wenn er auf Fotos recht kräftig ausschaut. Im schlimmsten Fall kostet mich eine Niederlage das Nasenbein und einen Schneidezahn. Aber wenn Marcell zehn Hooligans mit Baseballschlägern mitbringt, heißt es rennen. Dann ist es völlig egal, ob ich im Recht bin, weil Verlieren schlichtweg keine Option mehr ist.

Was im Einzelnen von mir gefordert wird, kann ich nur schwer nachvollziehen, was natürlich der Sinn der Sache ist. Sind die aufgeführten »Auslagen gem. § 670 BGB« wirklich rechtens, wie BFS behauptet, oder viel zu hoch? Die Zinsen liegen bei 5,37 Prozent – ist das okay?

Mein Anwalt sagt, Mahngebühren seien grundsätzlich unzulässig. Das habe der BGH schon vor Jahren erklärt. Die Argumentation ist in etwa die gleiche wie bei Rücklastschriften: Solche Kosten gehören zum allgemeinen Unternehmerrisiko.

Abschließend prüfen ließe sich das allerdings nur vor Gericht. Denn verlässliche Regeln für Inkasso gibt es nicht. Die Kredithaie werden nicht etwa von der Bundesfinanzaufsicht (BaFin) kontrolliert, sondern von rund 80 kleineren Aufsichtsbehörden.

Salopp gesagt werden sie überhaupt nicht kontrolliert: Eine Recherche der Verbraucherzentrale Schleswig-Holstein ergab, dass 2010 bundesweit lediglich in zwei Fällen Inkassofirmen aufgrund von Verbraucherbeschwerden die Zulassung entzogen wurde.

Einige Punkte in meiner Mahnung sind so absurd, dass sie selbst dem Laien sofort ins Auge springen. Trotz des schon zitierten OLG-Urteils finden sich in meinem Inkassobrief Strafgebühren für die Rücklastschriften – nur heißen sie nicht so: Die Inkassofirma nennt sie stattdessen »ungerechtfertigte Bereicherung«. Das ist auf jeden Fall eine interessante Rechtsfigur: 1&1 zieht ohne Einzugsermächtigung Geld von meinem Konto ein. Wenn ich mir mein Geld zurückhole, bereichere ich mich ungerechtfertigterweise – quasi Diebstahl meinerseits.

Diese Dreistigkeit facht meinen Widerspruchsgeist erst so richtig an. Ich schreibe zurück und widerspreche all diesen frechen Ansinnen. In der Folge bekomme ich von den Jungs mit den virtuellen Baseballschlägern einen weiteren Schrieb. BFS bleibt bei seinen Forderungen, möchte nun insgesamt 205,41 Euro. Dabei wird es wohl nicht bleiben. Sollte die »Frist fruchtlos verstreichen«, sehe man sich gezwungen, »weitere Schritte zur Durchsetzung« einzuleiten. »Die dann entstehenden, nicht unerheblichen Kosten hätten Sie zu tragen.«

Adieu, Servicepapst!

Wenn der Service unter aller Kanone ist, wenn man vor Wut zittert, kann man verschiedene Dinge tun: zum Rechtsanwalt gehen, wie Rumpelstilzchen durchs Wohnzimmer hüpfen, Zen-Meditation betreiben. Was hingegen ausscheidet, das ist, sich an seinem Hassobjekt abzuarbeiten. Es wäre psychologisch heilsam, aber dieses Ventil bietet sich König Kunde nicht. Denn moderne Unternehmen verstecken sich hinter 0180-Nummern und Webseiten, sie sind gesichtslos. Service hat kein Antlitz.

Außer bei 1&1. Dort gibt es Marcell D'Avis.

Ende 2009 war er zum »Leiter Kundenzufriedenheit 1&1« gekürt worden. »Die neust' Innovation, das bin isch«, stellte er sich damals mit Westerwald-Akzent in einem TV-Spot vor. Dazu hielt D'Avis seine Visitenkarte in die Kamera und bat darum, ihm E-Mails zu schicken. Auch ein eigenes Blog richtete 1&1 seinem Servicepapst ein.

Seitdem ist D'Avis in etlichen Spots aufgetreten. Er ist nun eine der bekanntesten Werbefiguren. Und eine der meistgehassten.

Es ist nicht ganz einfach, sich dem Phänomen D'Avis zu nähern. Meine wiederholten Interviewanfragen lehnte 1&1 ab: »Für ein Gespräch kann Herr D'Avis nicht zur Verfügung stehen, da er über keinerlei freie Kapazitäten verfügt.«

Es gibt eine Lücke zwischen D'Avis, der TV-Figur, und D'Avis, dem Menschen. Sie hat dazu geführt, dass sich um ihn allerlei Verschwörungstheorien ranken. Es gebe ihn gar nicht, mutmaßen manche – der Typ sei eine reine Kunstfi-

gur. Das ist er nicht. D'Avis arbeitet bereits seit den Neun-
zigern bei 1&1. Ein Sportfan soll er sein, und Menschen,
die ihn persönlich kennen, berichten von seinem umgäng-
lichen und sympathischen Wesen.

Es mag sein, dass D'Avis, der Mensch, ein netter Kerl
ist. D'Avis, die Werbefigur, hingegen ist aalglatt und unglaubwürdig. Wie umfassend die Welle der Missgunst ist,
die dem Mann entgegenschlägt, kann man auf YouTube
sehen. Dort turnt er als »Leiter Kundenverarsche« durch
seine nachsynchronisierten Spots und sagt Sätze wie:
»Wenn Sie eine Frage zu Ihrem DSL-Anschluss haben, lese
ich sie mir nicht mal durch. Mein Team und ich scheißen
auf Ihr Schreiben.« Es gibt sogar Videonachrufe auf ihn.
»Marcell D'Avis ist tot«, heißt es da, unter brandendem Ap-
plaus.

Geschmacklos, keine Frage, aber die Wut auf D'Avis
ist für mich als ehemaligen 1&1-Kunden nachvollziehbar.
Der Service ist bescheiden, aber gleichzeitig signalisiert das
Unternehmen mit dieser Werbefigur, es gebe einen Aus-
weg, es gebe jemanden, der sich um Probleme kümmert.
Doch obwohl es mit D'Avis in der Theorie ein menschliches Antlitz des Service gibt, führt dies in der Praxis nicht
zu menschlicherem Dialog, geschweige denn zu besserem
Service.

Es entsteht vielmehr den Eindruck, der Leiter Kundenzufriedenheit habe Angst vor seinen bekanntermaßen
nicht immer zufriedenen Kunden. Denn er geht nicht auf
die Kunden zu – er verschanzt sich hinter dem System,
so wie es Unternehmen mit suboptimalem Service seit
eh und je tun. Ein Beispiel: D'Avis erster offizieller Blog-
post wurde umgehend von Hunderten wütenden Kunden
kommentiert. Unerfreulich, aber dies wäre ja gerade eine

Chance für den neuen Leiter Kundenzufriedenheit gewesen, zu zeigen, dass er persönlich für den Kunden da ist. Stattdessen antwortete er nicht auf die Posts, Hunderte Kommentare blieben unbeantwortet. Und wenn doch einmal jemand zurückpostete, war es ein gesichtsloser Serviceagent.

Ein ehemaliger 1&1-Mitarbeiter berichtet, D'Avis selbst sei von dem Zorn, der seiner Firma und seiner Person entgegenschlug, geschockt gewesen.

Bald darauf begann die Firma, D'Avis' zunächst überall beworbene Mailadresse (»Damit Sie mich erreichen können«) verschwinden zu lassen. Denn auch sie erregte den Zorn der Kundschaft. Viele Konsumenten hatten geglaubt, der direkte Zugang sei etwas wert – aber Mails an davis@1und1.de, das weiß ich aus eigener Erfahrung, landen in derselben Warteschleife wie sämtliche andere Korrespondenz.

Insofern ist der Zorn, der den Mann trifft, nachvollziehbar. Er resultiert aus dem Gefühl, getäuscht worden zu sein. Von D'Avis, der im TV den Kümmerer gibt und dann auf Tauchstation geht. Von Selfmademilliardär Ralph Dommermuth, der sich von Jung von Matt lieber eine Werbefigur basteln ließ, als seine Serviceprobleme zu beseitigen

Diese Kluft zwischen Versprechen und Wirklichkeit hat dazu geführt, dass Marcell D'Avis auf ganzer Linie scheiterte, ja scheitern musste. Den Kunden war schnell klar, dass er nur ein Grußaugust ist. Schon in den folgenden Spots wurde er umpositioniert. Statt über Kundenservice redete D'Avis nun vor allem über WLAN-Empfang oder DSL-Router.

Deshalb geht D'Avis nach gerade einmal zwei Jahren

auf Tauchstation. Er behält zwar seine Funktionsbezeichnung, tritt aber in der Werbung nicht mehr exponiert auf. Neben ihm »stehen jetzt weitere Mitarbeiter mit ihrem Gesicht und ihrem Namen für das Unternehmen 1&1 und seine kundenfreundlichen Prinzipien«, wie die Pressestelle mitteilt. Nach diesem Multi-Testimonial wird er in zukünftigen Spots gar nicht mehr zu sehen sein.

Insofern war der YouTube-Nachruf geradezu prophetisch. Denn als Aushängeschild für guten Service ist der Mann schon seit Längerem mausetot.

Der 1&1-Song

Wenn man in der Warteschleife hängt, wie schlägt man dann die Zeit tot? Da man sich nicht allzu weit vom Hörer entfernen sollte, scheiden die meisten sinnvollen Tätigkeiten aus. Es bleiben Internetsurfen (falls die DSL-Leitung nicht gerade der Grund für den Anruf ist) oder das Kritzeln kleiner geometrischer Figuren auf Karopapier. Weil mir das zu langweilig wurde, habe ich versucht, die Wartezeit mit dem Schreiben eines kleinen Schmählieds zu überbrücken.

Sie müssen nur die 0900-Nummer wähl'n

Ich hatt' 'ne neue Wohnung, brauchte DSL
Drum rief ich an bei 1&1, die sagten das geht schnell.
Jetzt sitz ich hier ganz ohne Netz,
und langsam wird's echt mies.
Drum schrieb ich an Marcell D'Avis

(Und der sagte:)

Sie müssen erst die 0900-Nummer wähl'n
Und sich durch ein paar Stunden Warteschleife quäl'n.
Danach kommt dann ein Menü
Und da drücken Sie die Zwei
Und schon eilt ein Agent herbei.

Der Servicemitarbeiter sagte: »Kein Problem!«
Da rückt jetzt mal die Technik aus,
wird nach dem Rechten seh'n.
Ich machte drei Termine, doch die sind alle geplatzt.
Marcell D'Avis, das habt ihr verpatzt.

(Doch der sagte:)

Sie müssen erst die 0900-Nummer wähl'n
Und sich durch ein paar Stunden Warteschleife quäl'n.
Danach kommt dann ein Menü
Und da drücken Sie die Zwei
Und schon eilt ein Agent herbei.

Der Servicemitarbeiter sagte: »Tut uns leid«
Gibt 100 Euro Gutschrift – die Buchhaltung weiß Bescheid.
Die Mahnung krieg ich kurz darauf, und von wem
kommt die wohl?
Von »Inkasso Sewastopol«.

Ich nehm' mir einen Staranwalt, jetzt reicht es mir.
Marcell D'Avis von 1&1, jetzt ist es aus mit dir.
Da will er plötzlich reden, am nächsten Morgen schon
Will die Nummer von meinem Telefon.

(Doch ich sage)

Da musst du erst die 0900-Nummer wähl'n
Und dich durch ein paar Stunden Warteschleife quäl'n.
Danach kommt dann ein Menü
Und da drückste dann die Zwei
Und schon eilt mein Anwalt herbei.

Genervt vom Einkaufswagenparadox

Er wird einfach nicht voll. Ich habe schon zwei Paletten Milch, genug Penne für ein sizilianisches Familienfest und die gesamte Ernte einer Biobauern-Kommune in meinem Einkaufswagen versenkt. Nun ist gerade mal der Boden bedeckt.

Mit Einkaufswagen ist es wie mit Autos. Sie werden immer wuchtiger. Früher lenkte ich mit zwei Fingern ein zierliches Gefährt durch den Feinkostladen. Heute schiebe ich die Entsprechung eines Porsche Cayenne durch den Megastore, und zwar beidhändig. Das ist anstrengend, denn anders als Autos haben Einkaufswagen keine Servolenkung, und die einzige PS liefert ein lahmer Gaul namens Tom König.

Ein Sprecher des Trolley-Marktführers Wanzl bestätigt, Einkaufswagen hätten sich in den vergangenen Jahren »immer weiter vergrößert«. Aber warum? Dafür gibt es im Wesentlichen zwei Gründe.

— Einer ist der Siegeszug der Discounter. Es geht eben keiner mehr dreimal die Woche zu Feinkost Habermann. Stattdessen bevorratet man sich lieber, möglichst für den ganzen Monat.
— Der zweite Grund, über den die Branche freilich ungern spricht: Große Einkaufswagen dienen nicht so sehr den Kundenbedürfnissen, sondern eher der Kundenmanipulation.

Das kann man nachlesen. Das »Praxishandbuch Werbung« rät: »Verwenden Sie besonders große Einkaufswagen. So haben Ihre Kunden nie den Eindruck, sie hätten zu viel Geld ausgegeben. Ist noch Platz, haben Ihre Kunden eher das Gefühl, sie hätten etwas Wichtiges vergessen.«

Die Masche ist plump, könnte aber funktionieren. Zumal sie durch einen anderen Trick unterstützt wird. Das kapiere ich, als ich meinen Wagen zur Kasse schieben will. Ich müsste zunächst wenden. Das geht aber nicht. Denn der Einkaufswagen ist so lang, wie der Gang breit ist.

Zufall? Mitnichten. Das »Praxishandbuch« sagt:

»Verengen Sie die Gänge. Kunden, die im Sauseschritt durch Ihr Geschäft eilen, haben keine Augen für Impulsprodukte. Deshalb sollten Sie die Abstände zwischen Ihren Regalen keinesfalls zu großzügig gestalten, sondern natürliche Stopps für Raser einbauen.«

Einer dieser natürlichen Stopps ist ein Früchtetee-Display, das ich zu spät bemerke. Ich will meinen Monsterkäfig noch bremsen, doch die Götter der Impulserhaltung sind gegen mich. Rums! Dutzende Packungen »Fühl dich Frühling«-Tees purzeln zu Boden.

Große Wagen, schmale Gänge, wer denkt sich so etwas aus? Schon jetzt schwöre ich mir, nächstes Mal ein Trage-

Selbstbedienungskassen, Fluch oder Segen?

körbchen zu nehmen. Doch der gesamte Wahnwitz des Systems offenbart sich erst an der Kasse. Dort nämlich hat ein anderer Marketingexperte (oder vielleicht derselbe) verfügt, dass jene Fläche, auf der ich gleich meine 50 Kilo Einkaufsgut sortieren möchte, totes Kapital ist. Sie trägt nichts zur Flächenproduktivität bei, wie man in der Branche sagt. Und deshalb musste sie weg. Das ist bei Lidl so, aber auch bei Rewe oder Aldi.

In meinem konkreten Fall wurde der Abstellplatz auf 50 x 50 Zentimeter geschrumpft. Die Abmessungen des Einkaufswagens betragen jedoch rund 50 x 80 x 60 Zentimeter. Ich wusste ja, dass im Marketing immer jene BWL-Studenten landen, die nicht so gut rechnen können. Aber ich ahnte nicht, dass es so schlimm ist.

Mit meinen vom ganzen Geschiebe bereits tauben Armen kloppe ich die Einkäufe blindlings zurück in den Wagen, während die Frau an der Scannerkasse dreimal so schnell Sachen nachschiebt, wie ich sie wegräumen kann. Erdbeeren, Joghurts und Kartoffelchips fliegen in hohem Bogen in den Einkaufswagen. Dort verwandeln sie sich in einen interessanten Brei, den man vielleicht als »Crunchy Strawberry Cream« vermarkten könnte.

Eine Spur aus Milch und Saft hinter mir herziehend verlasse ich den Supermarkt. Am Ausgang hängt ein Foto des lächelnden Marktleiters. Darunter steht: »Zufrieden? Sagen Sie's weiter! Nicht? Dann sagen Sie's mir!«

Jetzt sage ich dir mal was: Wenn es eine höhere Gerechtigkeit gibt, dann hat der Teufel für dich und den Marketingexperten schon eine steile Rampe reserviert. An deren Fuß warten zwei XXL-Einkaufswagen, randvoll mit Raviolidosen.

Grau, grau, grau sind alle meine Kleider

Am Samstagmorgen hat meine Frau gern ihre Ruhe. Und als zum dritten Mal binnen einer Stunde ein Paketbote klingelt, platzt ihr der Kragen. »Diese ganzen Kisten! Was ist das bloß alles?«

»Internetbestellungen: Laufsocken, ein Buch und Bleistifte«, entgegne ich.

»Du kaufst einen Bleistift bei Amazon?«

Es waren immerhin drei Stifte. Das würde ich ihr gerne entgegenhalten, aber Tanja ist schon weg. Während ich meine Päckchen öffne, überlege ich, ob ich tatsächlich zu viel Zeug im Internet bestelle. Zweifelsohne zerstört E-Commerce den stationären Einzelhandel und heizt nebenbei die Erderwärmung an. Wenn alle ihre Kulis online ordern, wird es irgendwann keine Schreibwarengeschäfte mehr geben und außerdem keinen Winter mehr.

Apropos Winter: Ich wollte mir eine neue Daunenjacke zulegen. Ich unterdrücke den Impuls, das im Internet zu tun, und fahre stattdessen in die Münchner Innenstadt. Dort gibt es einen riesigen Wintersportladen, sechs Etagen nur Jacken, Mützen und Thermohosen. Eine solche Auswahl, denke ich beeindruckt, kann es sonst überhaupt nirgendwo geben – hier lagern mehr Daunenfedern als bei Frau Holle.

Ich probiere einige Jacken an und bin nun ganz froh, nicht im Internet bestellt zu haben. Denn in den meisten sehe ich aus wie ein Schlafsack auf Beinen. Ein freundlicher Verkäufer bringt mir geduldig Modell um Modell. Und er erklärt mir, welche sich für eine Everest-Besteigung eignen und welche eher für Spaziergänge im Englischen Garten.

Irgendwann finde ich eine Daunenjacke der Marke Marmot. Sie sitzt perfekt. Leider ist die Farbkombination »Golden Yellow / Blue Ocean« völlig untragbar, wenn man nicht gerade im Zirkus arbeitet.

»Gibt's die auch in Schwarz?«, frage ich.

»Leider nein«, sagt der Verkäufer. »Nur diese Optik.«

Während er jemand anderen bedient, steuere ich mit dem Smartphone die Seite von Marmot an und stelle fest, dass es meine Jacke in sechs verschiedenen Farben gibt. Ich gehe wieder zu meinem Verkäufer und zeige auf das Display.

»Es gibt viele andere Farben.«

»Kann schon sein«, sagt er. »Aber nicht bei uns.«

Ohne Beute ziehe ich ab. Zu Hause erwäge ich, die Jacke bei Amazon zu bestellen. Aber mein Gewissen meldet sich. Ein Buchhändler hat mir neulich erzählt, Amazon-Gründer Jeff Bezos sei »der Satan«, und er meinte es nur halb im Scherz. In den USA hat Bezos bereits Buchketten wie Borders plattgemacht, ferner große Elektronikhändler und andere Fachgeschäfte. Kürzlich forderte Amazon seine Kunden sogar dazu auf, in Geschäften die Barcodes von Produkten einzuscannen. Wer diese dann online statt offline kaufte, bekam für seine Spitzeltätigkeit fünf Prozent Rabatt.

Finde ich fies. Stasi-Shopping ist das. Deshalb habe ich Bauchschmerzen, mein Wintersportgeschäft als bloßen Showroom zu missbrauchen. Man hat mir dort schließlich bei der Vorauswahl geholfen, und recht freundlich waren die Leute auch. Sie haben eine Chance verdient.

Ich gehe deshalb auf die Internetseite des Geschäfts und

Die Krise im Einzelhandel spitzt sich zu

suche dort im Onlineshop meine Jacke. Es gibt sie hier tatsächlich in einer zweiten Farbe: in Grau. Schwarz wäre mir zwar lieber, aber ich bestelle dennoch die graue. Aus Solidarität – und gegen Vorkasse, weil bei der Kreditkartenzahlung immer wieder eine Fehlermeldung angezeigt wird.

So. Jetzt macht Jeff Bezos dicke Backen! Ich gehe ins Wohnzimmer, um bei meiner Frau ein bisschen anzugeben: König Kunde, Offlinekäufer, Amazon-den-Finger-Zeiger, Retter des Einzelhandels.

Zwei Tage später kommt eine E-Mail. Die graue Daunenjacke sei wegen eines Fehlers im Warenwirtschaftssystem leider nicht lieferbar. Ich bitte um die Rücküberweisung meiner Vorauszahlung und bekomme prompt Antwort: »Ich bin bis übernächste Woche im Urlaub. Sollte Ihr Anliegen nicht so lange warten können …«

Ich tippe bei Amazon »Marmot Down Black L« ein. Drei Händler haben die Jacke im Angebot, sie sind durchweg billiger als der Wintersportladen. Alle Farben und Größen sind verfügbar. Klick, zack, gekauft.

Nicht einmal 48 Stunden später laufe ich in meiner Jacke durch die Stadt. An einem Zeitschriftenstand fällt mein Blick auf die neue Ausgabe des Technologiemagazins »Wired«. Vom Cover schaut mir Jeff Bezos hypnotisch entgegen. Darunter steht: »Amazon hat das Internet in der Tasche«.

Und wenn sich der Einzelhandel weiterhin so dämlich anstellt, bald auch den ganzen Rest.

Flagship-Store mit Schlagseite

Meine Schuhe sind hinüber. Es fiel mir während des Tau-
wetters auf, als meine Socken plötzlich nass wurden. Zuvor war mir völlig entgangen, dass sich in meinen Sohlen
zwei daumennagelgroße Löcher aufgetan hatten.

Es liegt nicht an der miesen Qualität des Schuhwerks,
sondern daran, dass ich den »Desert Trek« der englischen
Traditionsfirma Clarks jeden Tag trage, 365 Tage im Jahr.
Ich habe bisher keine anderen Treter gefunden, in denen
sich mein Senkhohlspreizfuß wohlfühlt. Und mir gefällt
der Schuh. Also laufe ich in meinen Clarks herum, bis sie
auseinanderfallen. Das wäre dann jetzt. Zeit, ein neues
Paar zu bestellen, am besten im Internet.

»Kauf doch endlich mal einen anderen Schuh«, schlägt
meine Frau vor.

»Niemals«, erwidere ich. »Ich trage nur Clarks, sonst
nichts.«

Tanja mustert die verbogenen Schuhe, die ich trotz der
Löcher wieder angezogen habe. »Kann ja auch ein anderer
von denen sein. In dem neuen Einkaufszentrum, da gibt es
jetzt einen Clarks-Store.«

Ein Laden, voll mit meinen Lieblingsschuhen? Verlockend. Ich war noch nie in einem Laden von Clarks. »Na
gut«, sage ich. »Ich kann mir das ja mal anschauen.«

Früher gab es nur Schuh-Müller, Schuh-Meier und
Schuh-Schmidt. Inzwischen sind diese Gemischtlederwa-
renläden alle verschwunden. Und schuld daran sind die
Nerds.

Nerds sind überall. Nicht diese schlecht rasierten jungen

Männer mit den MacBooks, die in Cafés stundenlang die bequemen Sessel blockieren – ich meine damit ganz allgemein Menschen, die sich so sehr für etwas begeistern, dass man getrost von einer Obsession sprechen kann. Es gibt Kaffeenerds, die sich viel zu eingehend mit Brühtechniken für Heißgetränke beschäftigen, Mützennerds, die sich eine Sammlung Baseballkappen in 97 verschiedenen Pantonetönen zulegen, und eben Clarks-Nerds wie mich, die den »Desert Trek« am liebsten in zehn verschiedenen Oberleder-Varianten wollen.

Für Nerds hat die Industrie den Flagshipstore erfunden. In diesen Tempeln des Konsumerismus gibt es jede erdenkliche Variation eines bestimmten Markenartikels. Dort gehen die Nerds dann hin und bewundern die grell erleuchtete, in Szene gesetzte Produktpornografie. Marketingexperten finden Flagshipstores spitze, weil sie darin die Markenerfahrung (neudeutsch: *Brand Experience)* von vorne bis hinten kontrollieren können.

So weit die Theorie.

Im Einkaufszentrum liefere ich meine Frau zunächst im G-Star-Flagshipstore ab. Dann suche ich nach meinem Laden. Als ich den Store mit dem Clarks-Logo erspähe, werde ich so hibbelig wie Carrie Bradshaw bei Manolo Blahnik. Ein Laden, nur mit Schuhen meiner Lieblingsmarke, eine paradiesische Vorstellung.

Journalisten sollten ja von Liebesbekundungen für Produkte tunlichst absehen. Aber als Kunde König freue ich mich darauf. Ich stelle mir die Brand Experience very British vor: Fotos von London in den Sechzigern, dunkles Holz, Union Jacks an der Wand.

Als ich den Laden betrete, fährt mein Blick suchend an Wänden und Regalen entlang. Ich weiß eigentlich gar nicht, wie ein Clarks-Store aussieht. Aber so doch wohl nicht. Denn hier drin schaut es genauso aus wie damals bei Schuh-Meier (oder vielleicht Schuh-Müller). Nur dass man hier und da ein Clarks-Logo hingepappt hat. Missmutig begutachte ich die Auslage. Ich suche nach meinem Schuh. Ich finde ihn nicht.

Also frage ich eine Verkäuferin: »Wo steht denn der ›Desert Trek‹?«

»Wer?«

Ich hebe meinen Fuß. »Dieser hier.«

»Ach so. Nee, den haben wir gar nicht.«

Für Fanboy König bricht eine kleine Welt zusammen. »Aber das ist doch *der* Schuh!«, sage ich. »Seit den Sechzigern das Aushängeschild Ihrer Marke! Wie können Sie den nicht haben?«

Sie zuckt mit den Schultern. »Weiß auch nicht, warum der Besitzer manche Sachen bestellt und andere nicht.«

Ich mache einen neuen Anlauf und frage nach einer Sonderedition des Clarks-Modells »Wallabee«.

»Wissen Sie noch? Der war aus Nylon mit so einem irren blauen Graffitimuster.«

Sie hat noch nie davon gehört. Kopfschüttelnd verlasse ich den Laden. Auf Nimmerwiedersehen.

Das Problem mit Markenstores ist, dass sie Erwartungen wecken, Versprechen machen. Wenn ich zu Schuh-Schmidt gehe, erhoffe ich mir nicht allzu viel. Gehe ich jedoch in ein Geschäft, über dem der Name meiner Lieblingsmarke prangt, dann möchte ich neben einer tollen Präsentation und einer schwindelerregenden Sortimentstiefe vor allem Personal, das meine Obsession teilt. Verkäufer, die wissen, von wann bis wann Clarks den »Desert Boot« in grünem Wildleder angeboten hat. Echte Nerds eben.

Zu Hause bestelle ich meinen Schuh im Internet. Und für meine Frau ordere ich eine Jeansjacke von G-Star. Tanja haben sie in deren Flagshipstore nämlich erzählt, es gebe von der Marke leider keine Jeansjacken mehr.

Das war wohl noch so ein Verkäufer, dem das Nerd-Gen fehlt.

Das Haus der traurigen Bücher

Will der 14-jährige Sohn meines Nachbarn auf den (seltenen) Umstand hinweisen, er habe einen Film auch in gedruckter Fassung konsumiert, sagt er: »Das hab' ich auf Buch.« Da muss ich als Bücherwurm nach Luft schnappen. Ich könnte ohne Literatur nämlich nicht leben. Kracht, Franzen, Chabon, hab' ich *alle* auf Buch. Dafür fehlen mir die DVDs, falls es welche gibt.

Nichts beschleunigt meinen Puls so sehr wie ein ganzer Laden voller Bücher. Denn wie der Philosoph Andrew Ross einmal bemerkt hat, »enthält selbst der kleinste Buchladen mehr wertvolle Ideen als das gesamte versendete Fernsehprogramm der Geschichte«. Es gibt kaum etwas Erbaulicheres, weshalb über dem Eingang der legendären Bibliothek des antiken Theben stand: »Medizin für die Seele«.

Medizin. Meine Fresse. Die Inschrift beweist, dass die alten Griechen keine Buchhandelsketten kannten.

Wenn ich im tiefen Münchner Westen Druckerzeugnisse erstehen möchte, komme ich an diesen Buchkaufhäusern nicht vorbei. Denn schnuckelige kleine Buchläden, die gibt es hier nicht mehr, sondern lediglich die Filiale einer dieser Ketten.

Eine der wesentlichen Eigenschaften einer guten Buchhandlung ist, dass man dort andauernd tolle Bücher findet, ohne nach ihnen gesucht zu haben. Warum? Weil ein versierter Buchhändler den Inhalt seiner Regale regelrecht komponiert. Er liest viel, und er hat eine eigene Meinung. Er wählt aus, er leistet sich den Luxus, den elften bayerischen Provinzkrimi (»Blutspeckknödel«) ebenso zu ignorieren wie den siebenundzwanzigsten nordschwedischen Frauenzerstückler-Thriller (»Verdösung«).

Beim örtlichen Buchkaufhaus liegt diese Massenware hingegen überall in riesigen Stapeln herum. Ferner gibt es Schmachtliteratur für Unerfüllte (»Rosa Tiefenrausch«) und Historienschinken (»Die Tochter der Lebkuchenhexe«). Und sonst nichts.

Nein, das ist unfair. Es gibt durchaus andere Dinge. Zum Beispiel das Primavera Duftspray »Ganz entspannt«, Burt's Bees Honig-Lippenbalsam oder Sorgenpüppchen aus Guatemala. Der Laden ist voll mit diesem Tand. Und jedes Mal, wenn ich herkomme, ist es ein bisschen mehr geworden. Hinter dem Aufsteller mit den bereits zweimal reduzierten Welpenkalendern stöbere ich nach Gedichtbänden. Stattdessen finde ich handbemalte Hartplastik-Tierfiguren von Schleich. Auch schön.

Ich frage einen Verkäufer nach Gedichten, nach Benn und nach Neruda. Sind beide aus. Er winkt vage in Richtung der Yogamatten und sagt, da hinten in der Ecke gebe es vielleicht ein bisschen Poesie. Ich laufe an einem Point-of-Sale-Display mit Gartenschaufeln und Designergießkannen vorbei, kann aber nichts finden.

Kein Wunder. Dieses Buchkaufhaus ist sehr schlecht sortiert. Ich erwähnte eingangs, in guten Buchläden könne man überraschende Entdeckungen machen. Aber in guten Buchläden herrscht nur scheinbar Unordnung. Dahinter steckt ein kluger Kopf, der sich mit Literatur auskennt. Jemand, der weiß, dass ein Lovecraft-Liebhaber auch »Gegen die Welt, gegen das Leben« von Houellebecq lesen möchte, obwohl die Einbände nicht die gleiche Farbe haben.

Hier hingegen herrscht wurstige Ahnungslosigkeit. »Tiere essen«, Jonathan Safran Foers philosophische Betrachtung der industriellen Massentierhaltung, haben sie kurzerhand in die Wellnessecke gesteckt, zwischen Atkins-Diät und Weightwatchers-Kochbuch.

Leider muss man selbst über eine derartige Sortierung froh sein; denn viele Bücher türmen sich wahllos auf einem halben Dutzend Tischen. Dort finde ich nun den ersten und einzigen Poesieband: »Gedichte & Balladen«, eine »Sonderleistung« für 3,99. Er liegt neben dem »Großen Buch der Alpenblumen«. Dahinter blickt dräuend der Führer vom Band »Anschluss. Ich hole Euch heim«.

Das alles ist unfreiwillig komisch, aber auch schrecklich traurig. Die armen Bücher! Von all dem Flitter und Firlefanz entwürdigt und entwertet, auf einer Stufe mit Duftlampen und Lillifee-Figürchen. Und in der Ladenmitte steht eine Pyramide aus Mängelexemplaren, das Stück zu 1,99 Euro.

Für Bücherliebhaber ist das nichts. Selbst für Gelegenheitsleser, die für ihren Jahresurlaub ein paar Schmöker benötigen, ist es nichts. Denn auch sie wollten eigentlich in eine Buchhandlung und finden sich nun plötzlich in einer Woolworth-Filiale wieder.

Erinnern Sie sich noch an Woolworth? Das waren diese etwas schäbigen Kaufhäuser, die ein seltsames Mischmasch aus Popelinklamotten, Bauchwegtrainern und Kurzwaren offerierten. Die Firma Woolworth hatte irgendwann vergessen, was eigentlich ihr Konzept war. Und auch die Kunden wussten bald nicht mehr, warum sie dort eigentlich hineingehen sollten.

Ich glaube, den großen Buchketten droht ein ähnliches Schicksal. Thalia taumelt bereits, andere Filialisten stecken ebenfalls in der Krise. Aber wer Bücher so lieblos behandelt, der hat es nicht besser verdient.

Das Internet, der Freund des Kunden

David Carroll saß mit seinen Bandkollegen in der gerade gelandeten United-Airlines-Maschine von Halifax nach Chicago und wartete darauf, endlich aussteigen zu dürfen. Plötzlich sah er, wie eine Frau vor ihm aus dem Fenster zeigte und rief: »Mein Gott! Werfen die da draußen mit Gitarren?« Die Musiker guckten durch eines der Bullaugen und sahen zwei United-Gepäckverlader, die mit mehreren Gitarrenkoffern jonglierten und diese lachend hin- und herwarfen. Carroll fühlte, wie Panik in ihm aufstieg. Die Kisten gehörten ihm und den Mitgliedern seiner Band »Sons of Maxwell«. Eine der Gitarren war Carrolls eigene, eine maßgefertigte Taylor, die rund 3500 Dollar gekostet hatte. Und nun wurde sie dort draußen auf dem Rollfeld als Jonglierobjekt missbraucht.

Entsetzt wandte sich der Profimusiker an die Stewardessen im Flugzeug und versuchte, sie dazu zu bewegen, etwas zur Rettung der empfindlichen Instrumente zu tun. Insgesamt drei Flugbegleiterinnen habe er angesprochen, erzählte

Carroll später. Aber nicht eine habe sich für sein Problem interessiert. »Sie müssen mit unseren Leuten draußen sprechen«, war die einzige Antwort. Als der Musiker das Flugzeug verließ, war seine Gitarre jedoch bereits auf dem Weg zu dem Anschlussflieger, der die »Sons« nach Omaha bringen sollte. Als sie einige Stunden später in Nebraska landeten und Carroll an der Gepäckausgabe seine Taylorgitarre in Empfang nahm, hoffte er zunächst noch, seinem geliebten Stück sei nichts passiert. Doch das Instrument war hinüber, kein Wunder angesichts der rüden Behandlung.

Glücklicherweise ist Gepäck von Passagieren versichert. Carroll meldete den Schaden deshalb dem Servicecenter der Fluglinie. Was darauf folgte, war eine über neun Monate währende Odyssee, während der er alles Mögliche bekam – Ausreden, Verweise an andere Gesprächspartner, Zitate aus den AGB und schnippische Bemerkungen. Nur eine neue Gitarre, die bekam er nicht. Ebenso verzweifelt wie zornig beschloss Carroll deshalb, die einzige Waffe einzusetzen, die er besaß: seine Musik.

Zusammen mit den »Sons« komponierte er den Song »United Breaks Guitars«. Es ist ein Protestsong im klassischen Sinne, mit dem kleinen Unterschied, dass Carroll nicht über Weltfrieden oder Wale singt, sondern über seine kaputte Klampfe: »United! You broke my Taylor Guitar«, greint er in bester Countrymanier. »Some big help you are / You broke it, you should fix it / You're liable, just admit it / I should've flown with someone else / Or gone by car / Cause United breaks guitars«.[1] Zu seinem Protest-

---

1 Übersetzung: United! Ihr habt meine Taylorgitarre zerbrochen. Ihr seid echt keine Hilfe. Ihr habt sie kaputtgemacht, ihr solltet sie reparieren. Ihr seid verantwortlich, gebt es doch einfach zu. Ich hätte mit einer anderen Fluglinie fliegen oder mit dem Auto fahren sollen. Denn United macht Gitarren kaputt.

song drehte Caroll ein Video, indem das Anti-Serviceerlebnis chronologisch wiedergegeben wird – komplett mit Flugzeug aus Pappe, Gitarre werfenden Gepäckverladern und pflichtvergessenen Stewardessen. Dann lud er das Ganze auf YouTube hoch.

Drei Jahre später gilt der United-Fall als Paradebeispiel dafür, was einem Unternehmen im Internetzeitalter widerfahren kann, wenn es wütende Kunden ignoriert. Das Lied wurde auf YouTube millionenfach abgerufen, der Song stürmte binnen kurzer Zeit auf Platz eins der iTunes-Charts. Der Imageschaden für das Unternehmen war gigantisch. Wenn die Airline in den USA heute etwas verbockt, wenn beispielsweise ein Flug gestrichen wird, kann es vorkommen, dass die frustrierten Passagiere am Gate »United Breaks Guitars« anstimmen. Und Carroll könnte seinen Musikerjob vermutlich an den Nagel hängen. Denn er kassiert nun stattliche Vortragshonorare von Unternehmen – dafür, dass er zu ihnen kommt und von seinen Erlebnissen erzählt.

Aber hilft dieser Fall uns frustrierten deutschen Kunden irgendwie weiter? Oder ist Carrolls Sieg gegen einen Großkonzern ein Einzelfall? Das Gitarrendebakel ist ungewöhnlich, die Geschichte nicht gerade alltäglich: Maßgefertigte Gitarre wird von durchgeknallten Gepäckverladern zerdeppert – das gibt es nicht alle Tage. Hinzu kommt, dass die wenigsten von uns über eine potenziell so mächtige Waffe verfügen wie Carroll. Wer beherrscht schon ein Musikinstrument und kann zu seinem kaputten DSL-Router ein lustiges Liedchen komponieren? Oder seine verpatzte Vermögenberatung bei der Sparkasse in ein originelles Video verwandeln?

Nicht viele Menschen. Aber das macht nichts.

Denn zum einen ist Carrolls Sieg über die Fluglinie Inspiration und Trost für jeden Kunden, der sich ohnmächtig fühlt. Zum anderen helfen Fälle wie »United Breaks Guitars« uns allen ganz konkret, denn sie verändern die Wahrnehmung der Unternehmen auf den Konsumenten. Natürlich ist es weiterhin so, dass große, servicefeindliche Konzerne von 99,9 Prozent ihrer unzufriedenen Kunden kaum etwas zu befürchten haben. Aber der Clou ist: Die Unternehmen wissen nicht, welche 0,1 Prozent ihrer Kunden die gefährlichen sind. Sie wissen lediglich, dass sich jederzeit einer aus der anonymen Masse erheben und ihnen den Marsch blasen kann.

Und deshalb haben sie jetzt vor uns allen Angst.

Diese Angst greift in zunehmendem Maße um sich. Denn die Liste der Großkonzerne, die von Kundenprotesten bereits in die Knie gezwungen wurden, wächst und wächst. Ob United Airlines, Unilever, Deutsche Bahn, Procter & Gamble oder Nestlé – sie alle haben den Zorn von König Kunde bereits zu spüren bekommen, haben gelernt, dass jeder ignorierte kleine König derjenige sein kann, der eine Million weiterer zorniger Verbraucher mobilisiert und einen sogenannten Shitstorm auslöst, der dem Markenimage bleibenden Schaden zufügen kann.

Deshalb verfolgen die meisten Firmen inzwischen genau, was im Web über sie geschrieben wird. Im Social-Media-Center des Versandhauses Otto etwa werden nicht nur sämtliche Postings auf Facebook oder Twitter ausgewertet, auch jede Erwähnung der Marke in Foren oder Blogs wird gescannt und überprüft. Nichts darf durchrutschen, alles wird von einem Mitarbeiter gelesen. Die Deutsche Bahn beschäftigt inzwischen ein Team von über 30 Leuten, die sich nur um Anfragen auf Facebook & Co. kümmern.

Den Kunden zu ignorieren, das ist im Web 2.0 zu einem unkalkulierbaren Risiko geworden, das sich niemand leisten kann.

Ist das nicht wunderbar? Vielleicht das erste Mal in der Geschichte des Kundenservice haben wir Konsumenten die Chance, den Unternehmen, die uns jahrelang ignoriert und gepiesackt haben, so richtig Kontra zu geben.

Bereit? Okay, dann wollen wir mal.

Twitter schlägt Telefon

Jeder Markenartikler, der etwas auf sich hält, hat heutzutage eine eigene Facebookseite – von Twitter, Google Plus, Foursquare, Pinterest und dem anderen Quatsch ganz zu schweigen. Sicherlich sind diese neuen Kommunikationskanäle aus Marketingsicht eine feine Sache. Doch dadurch, dass sich Unternehmen so vorbehaltlos auf Social Media eingelassen haben, sind sie gleichzeitig in eine Falle getappt: Jeder Kunde, dem etwas nicht passt, kann sein Missfallen nun öffentlich machen – und das ausgerechnet an einem Ort, wo sich Tausende andere Menschen herumtreiben, die mit der fraglichen Firma eine Geschäftsbeziehung pflegen.

Wohl das erste Mal in der Geschichte des Kundendialogs finden die Gespräche zwischen Konsument und Konzern vor aller Augen statt. Dieser Umstand ist (neben der örtlichen Verbraucherzentrale und einem guten Rechtsanwalt) der größte Hebel, den Sie als Kunde besitzen. Nutzen Sie ihn.

Ein Beispiel: Sie ärgern sich über die unverschämt hohen Gebühren, die Ihnen Ihre Bank für eine Transaktion berechnet hat? Sie haben bei Ihrem Kundenberater nachgefragt, der rührt sich aber nicht? Dann machen Sie mit dem Handy ein Foto Ihres Kontoauszugs und posten Sie ihn im Netz, mit der Überschrift: »Kundenabzocke bei der Sparkasse Dödelsberg«.

Schreiben Sie nun einen höflichen, aber gepfefferten Eintrag auf der Facebook-Fanpage Ihrer Sparkasse, nebst Link zu dem veröffentlichten Auszug:

»Liebe Sparkasse Dödelsberg! Wieso wird mir für das Wertpapier mit der WKN 272827 beim Verkauf ein Agio von 17 Euro berechnet? Das ist in meinen Augen ziemlicher Wucher. Beim Telefonat hat mich der Wertpapierberater darauf nicht hingewiesen. Ich bitte freundlichst um rasche Klärung. Vielen Dank, Ihr langjähriger Kunde Tom König.«

Die Bank muss sich nun öffentlich rechtfertigen. Vermutlich postet sie nur vorgefertigte Blabla-Sätze. Jetzt sind Sie wieder am Zug: »Ich dachte, das hier ist eine Social-Media-Seite für menschlichen Kundendialog. Ich habe ganz freundlich eine individuelle Frage gestellt – und möchte nicht mit vorgefertigten Satzbausteinen aus der Rechtsabteilung abgespeist werden, sondern eine individuelle Antwort erhalten. Ich bitte deshalb nochmals um Erklärung, warum ich für diese Standardtransaktion 17 Euro zahlen soll.«

Wenn Sie ganz großes Glück haben, löscht die Bank Ihren Eintrag – ein Gottesgeschenk. Denn viele Internetnutzer hassen jede Form von Zensur. Sie sind radikale Freigeister und werten das Entfernen von Beiträgen als Frontalangriff auf die verfassungsmäßig garantierte Meinungsfreiheit. Nutzen Sie dieses Sentiment. Als findiger Guerillakunde hatten Sie von Ihrem Facebook-Posting natürlich ein Bildschirmfoto (Screenshot) gemacht. Und deshalb können Sie nun beweisen, wes Geistes Kind die Sparkasse Dödelsberg ist, und dies mit weitgreifenden Vorwürfen anprangern: »Ich dachte, das hier ist eine Social-Media-Seite für fairen und transparenten Kundendialog. Aber ihr habt meine berechtigte Frage, warum mir für das Wertpapier mit der WKN 272827 beim Verkauf ein Agio von 17 Euro berechnet wurde, einfach gelöscht! Warum zensiert ihr Kundenpostings? Habt ihr schon einmal etwas von Meinungsfreiheit gehört? Kennt ihr das Grundgesetz?« Den Screenshot

mit der Unterzeile »Zensur bei der Dödelsberger Sparkasse« sollten Sie außerdem umgehend bei weiteren Social-
Media-Diensten oder in Verbraucherforen veröffentlichen.
Denn nichts hassen Internet-User so sehr wie Zensur. Wütende Kommentare und eine weitere Verbreitung Ihres Anliegens werden immer wahrscheinlicher.

Wie lange das so weitergeht? So lange, wie es notwendig
ist. Der erfahrene Guerillakunde zeichnet sich durch Geduld aus. Er weiß, dass er einen Abnutzungskrieg führt. Jedes weitere Posting zählt dabei als gewonnenes Scharmüt-
zel, erhöht es doch die Wahrscheinlichkeit, dass Ihr Fall im
Web zum Thema wird. Oder genauer gesagt: Jedes weitere
Posting muss die Presseleute der Sparkasse annehmen lassen, dieses erhöhe die Wahrscheinlichkeit, dass Ihr Fall im
Web zum Thema wird.

Sobald Ihr öffentlicher Schlagabtausch mit der Sparkasse
nach zwei oder drei Wochen epische Länge erreicht hat,
machen Sie von der kompletten Diskussion einen Screenshot und publizieren diesen erneut bei verschiedenen In-
ternetdiensten. Überschrift: »Realsatire: So sieht Kundendialog bei der Sparkasse Dödelsberg aus«.

Das ist ein wenig ermüdend? Klar, aber lange nicht so ermüdend wie per E-Mail geführte Schriftwechsel mit dem
Servicecenter oder das Verharren in der Telefonwarte-
schleife. Und außerdem: Was glauben Sie, wie sehr dieses
Hickhack Ihren Gegner stresst? Er hat alles zu verlieren, Sie
können nur gewinnen. Vergessen Sie nicht: Den Vertragspartner allmählich mürbe zu machen, ist Ihr taktisches
Oberziel. Denn wer mürbe ist, der macht Fehler.

Gängige Fehler der Gegenseite sind neben dem Löschen
oder Nichtbeantworten von Beiträgen, Zickigkeit oder rü-
der Tonfall. Als etwa Nestlé auf seiner Facebookseite von

Nutzern angefeindet wurde, stellte sich der Schokoriegel-
hersteller tot, und so wäre die Sache beinahe im Sande verlaufen. Doch dann platzte dem verantwortlichen Social-
Media-Redakteur der Kragen und er kommentierte einen
Eintrag mit den Worten: »Die Regeln hier machen immer
noch wir.«

Nein, liebe Unternehmen, das macht ihr nicht. Das Netz
macht jetzt die Regeln, und indem ihr euch Social Media
auf die Fahnen geschrieben hat, habt ihr implizit zuge-
stimmt, dass dem so ist. Ihr befindet euch nun in der zugegebenermaßen demütigenden Position, Anfeindungen
stets freundlich hinnehmen und Beschwerden umgehend
beantworten zu müssen.

Das ist ein bisschen unfair. Aber wie lange habt ihr uns
Kunden zuvor in der 0900-Schleife schmoren lassen? Das
war auch unfair.

Über Nestlé brach nach dem patzigen Kommentar aus
der Pressestelle damals ein gigantischer Shitstorm he-
rein – so nennt man das Phänomen, dass Tausende wütende Nutzer eine Organisation via E-Mail, Facebook oder
Twitter beschimpfen. Selbst wenn aus Ihrem alltäglichen
Serviceproblemchen kein veritables »Stuhlgewitter« (Sa-
scha Lobo) wird, so ist Ihrem Vertragspartner dennoch bewusst, dass die Chance dazu stets besteht, und zwar bei jedem Kunden und zu jeder Zeit.

Ein weiterer Umstand, der Ihnen als Guerillakunde in
die Hände spielt: Sie sind nur einer. Die sind viele. Dieser scheinbare Nachteil gereicht Ihnen bei der Strategie des
fortgesetzten Genöles im Internet zum Vorteil. Sie müssen
sich klarmachen, dass Ihr Gegenpart Dutzende von Leuten beschäftigt, um seine Social-Media-Kanäle rund um die
Uhr zu bespielen. Genau wie bei der Hotline oder im Ser-

vicecenter weiß deshalb auch hier die eine Hand oft nicht, was die andere tut – mit dem Resultat, dass Ihnen gegenüber widersprüchliche Aussagen gemacht werden.

Anders als bei der Hotline sind diese Widersprüche öffentlich und auf immerdar im Netz zu finden. Sie können sie dem Unternehmen also später um die Ohren hauen, mit Schmackes und Screenshots. In Kapitel 4 habe ich beschrieben, wie mir ein Schaffner im Restaurant eines ICE verbot, meinen Laptop zu benutzen. Ich fragte damals beim offiziellen Twitterkonto der Deutschen Bahn nach, ob das die offizielle Unternehmenslinie sei. Die Antwort lautete: »Mit Rücksicht auf andere Reisende wurde die Nutzung von Laptops in der Bordgastronomie verboten.« Auch eine Begründung lieferte die Bahn: »Viele Kunden fühlen sich durch das Tippgeräusch belästigt.«

Als ich diese Konversation in meiner Kolumne veröffentlichte, konnten viele andere Bahnfahrer das kaum glauben – und fragten nun ebenfalls nach. Der dort inzwischen sitzende Redakteur wusste offenbar nichts von den Antworten, die sein Kollege zuvor in den Äther getwittert hatte, und schrieb: »Fakt ist, es gibt kein generelles Laptop-Verbot im Bordbistro.« Außerdem teilte er mit: »Tippgeräusche stören die wenigsten.«

Diese sich komplett widersprechenden Aussagen stehen nun als Screenshots nebeneinander im Internet. Einer meiner Leser hat sich die Twitter-Nachricht (Tweet) »Es gibt kein Laptop-Verbot im Bordbistro« sogar in Farbe ausgedruckt und in eine Folie eingeschweißt. Immer, wenn er im ICE nun wegen seines Computers angeraunzt wird, zückt er diesen Tweet und hält ihn dem Schaffner wie einen Fahrschein unter die Nase. Kunde vs. Konzern, 1:0 – dank Social Media.

Tippen ist Trumpf

Ob im Büroalltag oder im Dialog mit Unternehmen: Aus jeder kleinen Frage gleich einen hochoffiziellen, verschrifteten Vorgang zu machen, das widerstrebt vielen von uns. Langwieriger Schriftverkehr riecht nach Behördenmuff, er erscheint unzeitgemäß und unkommunikativ. Lieber erst einmal miteinander reden, das ist meist viel besser.

Eigentlich stimmt das. Aber in der Kommunikation mit kundenfeindlichen Unternehmen gilt es, diesen menschlichen Impuls tunlichst zu unterdrücken. Kündigungen sollten Sie ohnehin als Einschreiben mit Rückschein verschicken, Ausnahmen von der Regel gibt es nicht. Doch auch bei kleineren Problemen sollten Sie sich als ausgebuffter Serviceguerillero nicht auf Telefongespräche mit irgendwelchen Kundencentern einlassen. Tippen ist Trumpf!

Der erste Grund hierfür ist die immense Zeit, die Telefonate verschlingen. Dass diese schneller erledigt sind als das Formulieren von E-Mails, ist eine große Illusion. Denn in der Regel ist es ja mit einem Telefonat nicht getan. Denken Sie einmal darüber nach, wie viele Ihrer Servicefälle tatsächlich bei Erstkontakt gelöst wurden. Fällt Ihnen mehr als einer ein? Na also. Meist sind zur Lösung von Kundenproblemen drei oder vier Telefonate notwendig. Selbst bei besser organisierten Callcentern bedeutet dies, dass Sie in der Warteschleife hängen, und zwar in der Regel zu Zeiten, zu denen Sie dringend etwas anderes tun müssten. Außerdem ist jedes weitere Gespräch länger als das vorangegangene, da Sie jedem weiteren Gesprächspartner den Vorgang aufs Neue schildern müssen.

Schreiben Sie deshalb lieber E-Mails. Die sparen unter dem Strich Zeit, weil Sie bereits Gesagtes einfach in die nächste Mail kopieren können. Sie erstellen so außerdem ganz nebenbei eine Dokumentation. Diese wird Ihnen sehr zugutekommen, wenn Sie die Inkassoschreiben Ihres DSL-Anbieters am Ende doch dem Rechtsanwalt übergeben müssen. Und wenn Sie dem Unternehmen per Social Media Paroli bieten möchten, wie in den vorherigen Kapiteln beschrieben, dann sind E-Mails hervorragendes Material, das man auszugsweise bei Facebook posten kann. Telefonate mit Callcenteragenten ohne deren Erlaubnis mitzuschneiden und ins Netz zu stellen, ist nämlich definitiv verboten. Selbst wenn es der Verbesserung der Servicequalität dient.

Hinzu kommt, dass man E-Mails ohne Kosten an eine fast beliebig große Zahl von Menschen verschicken kann, indem man diese in Kopie (CC) setzt. Manche nennen das Spam; wir Kundenguerilleros nennen es Öffentlichkeitsarbeit.

Der Grundgedanke dabei ist folgender: Dem Unternehmen sollte zu jedem Zeitpunkt klar sein, dass alles Gesagte einer breiteren Öffentlichkeit zugänglich gemacht werden könnte. Damit das klar wird, sollten Sie sich einen kleinen CC-Verteiler anlegen. Wenn Sie feststellen, dass es Probleme gibt und beispielsweise Ihr Handyanbieter das zu viel gezahlte Geld nicht zurückbuchen will, dann kommen die Verteileradressen ins CC.

Wer gehört in diese Liste? Zunächst einmal Journalisten. Viele Leser meiner Kolumnen setzen warteschleife@spiegel.de inzwischen ganz selbstverständlich in Kopie, wenn Sie Ärger haben. Es gibt einen Haufen weiterer Redaktionen, die Sie in CC setzen können. Deren E-Mail-Adressen finden Sie im Impressum. Verschwenden Sie bitte nicht allzu viel Zeit damit, die korrekten Ansprechpartner für Ihr Anliegen zu ermitteln, sondern beschicken Sie lieber Sammeladressen wie wirtschaftsredaktion@zeitung.de. Ferner gehört die Pressestelle des Unternehmens, mit dem Sie Raufhändel haben, in den Verteiler. Die Unternehmenskommunikation soll schließlich mitbekommen, was für eine Welle Sie wegen Ihrer Handyrechnung machen.

Journalisten bekommen solche CC-Mails täglich im Dutzend und löschen Sie meist sofort. Vermutlich wandern auch die Ihrigen ohne Umweg in den Papierkorb oder auf die Spamliste. Das macht aber nichts, es geht nicht darum, dass jemand die Mails tatsächlich liest. Es geht vielmehr darum, dem Unternehmen zu zeigen, wie kampagnenfähig Sie sind. Darum, zu dokumentieren, dass Sie die Art von nervtötendem Teufelskunden sind, der bereit ist, wegen 1,37 Euro eine gigantische Protestaktion zu starten.

Und schmeißen wirklich alle Ihre Mails in den Papierkorb – oder werden diese nicht vielleicht doch von ein paar Journalisten gelesen? Das Unternehmen kann sich da nicht ganz sicher sein. Und deshalb muss es sich ernsthaft mit Ihnen auseinandersetzen, muss so handeln, als ob die Gefahr einer Presseveröffentlichung real wäre.

Dass das Unternehmen davon ausgehen muss, ständig von den Medien und der Internetöffentlichkeit beobachtet zu werden, ist gut, aber nicht gut genug. Zusätzlich sollten Sie dafür sorgen, dass auch die Leitung der fraglichen Firma darauf aufmerksam gemacht wird, was für ein Saustall das hauseigene Servicecenter ist. Vorstände großer Konzerne wissen oft nicht, was im Souterrain ihres Konzerns passiert, und vielleicht ist es ihnen auch egal; weniger egal ist Topmanagern jedoch schlechte Presse.

Die Namen der Vorstände oder Geschäftsführer finden Sie im Impressum der Internetauftritte oder im Geschäftsbericht. Die E-Mail-Adressen werden in der Regel nicht dabeistehen, lassen sich aber relativ einfach herausfinden: Entweder durch Ergoogeln (»Heinz Müller« Geschäftsführer Sparkasse *@sparkasse.de) oder aus dem Format anderer E-Mail-Adressen des Unternehmens, die Sie im Netz finden (aus meier_peter@sparkasse.de folgt mueller_heinz@sparkasse.de).

Damit machen Sie erstens allen Indianern klar, dass der Häuptling von der Sache weiß; zweitens verdeutlichen Sie dem Chef, dass die Presse bereits Witterung aufgenommen hat. Drittens können Sie nun später auf Facebook oder Twitter wehklagen, Sie hätten Ihren herzzerreißenden Fall bereits früh der Konzernspitze zur Kenntnis gebracht, die Sie aber ignoriert habe.

Und viertens gibt es, man solle es kaum glauben, tatsächlich einige Unternehmen, deren Vorstände einen speziellen Mitarbeiterstab für derartige Fälle unterhalten. Wie mir die Pressedame eines deutschen Großkonzerns unlängst erzählte, sichten für ihren Vorstandschef mehrere Leute derartige Fanpost – weil es dem Mann wichtig sei, dass jeder, der sich persönlich an ihn wende, auch eine qualifizierte Antwort bekomme.

Hilfe von Vater Staat

Als verzweifelter Kunde haben Sie möglicherweise den Eindruck, es gebe niemanden, der Ihnen beisteht: Die Unternehmen lassen Sie hängen, Rechtsanwälte wollen Ihre Bagatellfälle nicht übernehmen und Vater Staat hilft auch nicht. Zumindest Letzteres ist jedoch nur teilweise korrekt. Zwar sind die meisten Streitigkeiten mit Unternehmen zivilrechtliche und damit Privatangelegenheiten; viele Wirtschaftsbranchen werden jedoch reguliert und von staatlichen Aufsichtsbehörden überwacht. Jeder Kunde sollte diese kennen und für seine Zwecke nutzen.

Die beiden wichtigsten sind die Bundesnetzagentur und die Bundesanstalt für Finanzdienstleistungsaufsicht, kurz BaFin. Die Bundesnetzagentur ist die oberste Aufsichtsbehörde für Telekommunikationsanbieter, den Strom- und Gasmarkt sowie das Postwesen. Die BaFin kümmert sich um Banken und Versicherungen. Auch unabhängige Finanz- und Vermögensberater sind hier namentlich registriert.

Bei beiden handelt es sich um deutsche Behörden im klassischen Sinne. Das heißt: Ihre Reaktionszeit entspricht der von sedierten Galapagos-Schildkröten, ihre Dokumente und Briefe sind so verständlich wie die Vorlesungen eines emeritierten Semiotikprofessors. Es bedeutet aber auch, dass diese Behörden unbestechlich sind und jedes Anliegen außerordentlich gründlich und gewissenhaft prüfen.

Und hier liegt Ihre Chance. Es ist zwar relativ unwahrscheinlich, dass die Bundesnetzagentur wegen Ihres defekten DSL-Anschlusses etwas Konkretes tut, geschweige denn für Sie Partei ergreifen wird. Aber die Behörde in Ihre Fehde mit hineinzuziehen, ist dennoch eine hervorragende Möglichkeit, Ihrem Vertragspartner zu verdeutlichen, dass er sich an Ihnen die Zähne ausbeißen wird – und dass ihn sein Widerstand ein Heidengeld kosten könnte.

Ein Beispiel: Als mir meine Hausbank im Falle einer unauthorisierten Lastschrift das abgebuchte Geld nicht zurück auf mein Konto überweisen wollte, schrie ich Zeter und Mordio, kontaktierte Vorstand und Pressestelle. All das half nichts, die Bank antwortete einfach nicht. Deshalb schrieb ich an die BaFin. Sie wacht nicht nur darüber, dass Banken ausreichend kapitalisiert sind; sie kontrolliert auch, ob diese funktionieren und ihren Verpflichtungen nachkommen – etwa der Rücküberweisung von fälschlicherweise abgebuchtem Kundengeld.

Per E-Mail zeigte ich bei der BaFin einen Fall von Organisationsversagen an. Das kostete mich zwei Minuten. Die Bank kostete es viele Stunden. Nach einigen Wochen trudelte aus Frankfurt ein dicker Packen Papier ein. In dem Schriftsatz erläuterte mir ein BaFin-Sachbearbeiter, warum seiner Ansicht nach kein Organisationsversagen vorliege. Aus der Anlage war ersichtlich, dass er die Bank angeschrieben und um Beantwortung eines Fragenkatalogs gebeten hatte. Anders als bei Kunde König konnte die Bank bei ihrer Aufsichtsbehörde nicht toter Mann spielen, weswegen ein Jurist in der Rechtsabteilung mehrere Stunden damit verbracht haben dürfte, meinen Fall genau zu recherchieren und schriftlich der BaFin darzulegen. Das dürfte Hunderte, wenn nicht Tausende Euro gekostet haben. Und das alles für die paar Euro, die man mir früher oder später ohnehin hätte erstatten müssen. Ich wette, das nächste Mal bekomme ich besseren Service.

Wenn ich für meine Kolumnen Stellungnahmen bei Pressestellen einhole oder mit Lesern spreche, dann gebe ich meinen echten Namen preis: Ich heiße eigentlich Tom Hillenbrand, bin gelernter Wirtschaftsjournalist und lebe in München.

Vor allem die Pressesprecher kennen mich häufig bereits unter diesem Namen, weil ich zehn Jahre lang für SPIEGEL ONLINE, die Financial Times Deutschland und andere Publikationen über ihren Arbeitgeber berichtet habe. »Ach, *Sie* sind Tom König!«, ist die übliche Reaktion.

Ich bin es, und ich bin es auch wieder nicht. Beide Toms wohnen am westlichen Münchner Stadtrand und kommen eigentlich aus Hamburg. Beide sind verheiratet. Aber meine richtige Frau heißt nicht Tanja und Kinder namens Toni und Anna gibt es nicht.

Tom König ist mir also in manchem ähnlich, aber er ist keine reale Person. Tom König, das sind wir alle. Als wir die Kolumne konzipierten, da war uns schnell klar, dass einem einzelnen Konsumenten irgendwann die Geschichten ausgehen könnten – und dass viele Unternehmen einen

Kundenkolumnisten umgehend auf die VIP-Liste setzen würden. So etwas ist gang und gäbe; ein großer Konzern, bei dem ich früher nie eine Antwort aus dem Servicecenter erhielt, bearbeitet meine Anfragen nun binnen weniger Stunden – vermutlich kein Zufall.

Deshalb haben wir Kunde König erschaffen. Was ihm widerfährt, sind zum Teil meine eigenen Erlebnisse. Das Gros der Geschichten basiert jedoch auf Leserzuschriften. Pro Woche erhalte ich etwa 50 E-Mails mit Leidensgeschichten aus der Servicewüste. Jene, die besonders skurril oder interessant klingen, muss der arme Tom König dann noch einmal durchleben.

Alle Geschichten sind im Kern so passiert, keine ist ausgedacht. Vor der Veröffentlichung lasse ich mir vom jeweiligen Einsender die fraglichen Schriftwechsel und die Kundendaten zuschicken und konfrontiere das Unternehmen mit dem Fall. Erst dann entsteht eine neue Kolumne.

Wie lange Tom König noch leiden muss? So lange, wie Sie Geschichten an die E-Mail-Adresse warteschleife@spiegel.de schicken. Die Liste der veröffentlichungswürdigen Fälle wird immer länger – in meinem Archiv schlummern noch Dutzende. Schlechter Service scheint etwas zu sein, das niemals ausstirbt.

Dank

Mein Dank gilt allen Lesern, die mir ihre Erlebnisse schicken. Ohne sie gäbe es weder Tom König noch dieses Buch. Ganz besonders bedanken möchte ich mich außerdem bei den Kollegen von SPIEGEL ONLINE. Zuvorderst bei Matthias Streitz, der die ursprüngliche Idee für die Warteschleife-Kolumne hatte; außerdem bei Anselm Waldermann, der sie konzipiert und mir zugetraut hat, die Serie für SPIEGEL ONLINE zu schreiben; ferner bei Christian Rickens und der ganzen Wirtschaftsredaktion. Sie betreuen meine Kolumne und verteidigen sie furchtlos gegen die Einwände wütender Unternehmen.

Tom Hillenbrand. Teufelsfrucht. Ein kulinarischer Krimi.
KiWi 1204. Verfügbar auch als ꢀBook

Ein Glas Rivaner, ein Stück Rieslingspastete und bloß nicht zu viel Stress – der Koch Xavier Kieffer führt ein beschauliches Leben in der Luxemburger Unterstadt. Als eines Tages die Leiche eines Gastro-Kritikers in seinem Restaurant liegt, ist es mit der Ruhe vorbei. Kieffer gerät unter Mordverdacht und macht sich auf die Suche nach dem wahren Mörder ...

»Dieser Krimi liest sich, wie man eine gute Bouneschlupp schlürft – am liebsten gleich alles auf einmal.« *Lea Linster*

www.kiwi-verlag.de

Tom Hillenbrand. Rotes Gold. Ein kulinarischer Krimi.
Xavier Kieffers zweiter Fall. KiWi 1262
Verfügbar auch als Book

Seit der Luxemburger Koch Xavier Kieffer mit Frankreichs
berühmtester Gastrokritikerin liiert ist, wird er zu den ex-
klusivsten Events eingeladen. Doch das edle Dinner beim
Pariser Bürgermeister endet bereits nach der Vorspeise:
Europas berühmtester Sushi-Koch kippt plötzlich tot um ...

»Tom Hillenbrand regt genussvoll den Appetit der Krimi-
leser an.« *Die Welt*

www.kiwi-verlag.de

MARTIN BLATH
ELKE HERBST

KiWi
PAPERBACK

wohnst du schon oder lachst du noch?

DIE WITZIGSTEN IMMOBILIENANZEIGEN

Martin Blath, Elke Herbst. Wohnst du schon oder lachst
du noch? Die witzigsten Immobilienanzeigen. KiWi 1300.
Verfügbar auch als ₰Book

Als Elke Herbst und Martin Blath vor einiger Zeit auf Woh-
nungssuche waren, studierten sie Unmengen von Immobilienanzeigen – und stießen dabei auf Perlen der Poesie.
Rätselhaftes, Erfrischendes und vor allem Witziges: Im
Formulieren von Wohnungsannoncen toben sich Makler
und Vermieter oft so richtig aus. Dieses Buch stellt die
lustigsten Anzeigen vor. Zum Staunen und Lachen.

KiWi
PAPERBACK

Matthias Burchardt, Nora Hespers, Andrea Mayer. Ja? Nein?
... Jein! Kompass für den täglichen Gewissenskonflikt.
KiWi 1229. Verfügbar auch als eBook

Darf ich pikante Bettgeschichten im Freundeskreis weiter-
erzählen? Oder dem Kollegen sagen, dass er schlimm nach
Schweiß riecht? In »Ja? Nein? … Jein!« werden alltägliche
Probleme anschaulich dargestellt und aus verschiedenen
Perspektiven philosophisch beleuchtet. Natürlich ist auch
die Philosophie kein Allheilmittel für die Probleme des
Alltags. Aber ein Schuss Moralin kann bisweilen Wunder
wirken, wenn es um gute Entscheidungen geht.

Silke Burmester. Beruhigt Euch! KiWi 1275
Verfügbar auch als eBook

Silke Burmesters unterhaltsames Pamphlet gegen die
Hysterie im Alltag soll helfen, das Panik-Karussell anzu-
halten. Und sich zu erinnern, worum es eigentlich geht:
Liebe, Nahrung, Miteinander. Wem das gelingt, der wird
sich getrost wieder beruhigen können.

www.kiwi-verlag.de

Christian Rickens. Ganz oben. Wie Deutschlands Millionäre
wirklich leben. KiWi 1267. Verfügbar auch als eBook

In Deutschland leben rund 800.000 Menschen mit einem
Vermögen von mehr als einer Million Euro. Über die
Lebenswelt dieser Millionäre ist, jenseits der Klischees, die
in »Gala« oder »Bunte« kolportiert werden, kaum etwas
bekannt. Wie lebt und denkt diese Vermögenselite wirklich? Wie erzieht sie ihre Kinder, wofür gibt sie ihr Geld
aus, wie sichert sie ihre gesellschaftliche Stellung und übt
ihre politische Macht aus?

www.kiwi-verlag.de KiWi PAPERBACK

Helmut Schmidt / Giovanni di Lorenzo

Auf eine Zigarette
mit Helmut
Schmidt

Helmut Schmidt / Giovanni di Lorenzo. Auf eine Zigarette
mit Helmut Schmidt. KiWi 1158. Verfügbar auch als eBook

Politik, Privates und erlebte Geschichte – die schönsten
»Zeit«-Gespräche mit dem berühmtesten Raucher der Republik. Diese Ausgabe enthält fünf bisher in Buchform
unveröffentlichte Gespräche, u. a. zu den Feierlichkeiten
rund um Helmut Schmidts 90. Geburtstag.

»Diese kleinen, wunderbaren, eitlen, subversiven, über-
raschenden, oft politisch und zeithistorisch bemerkens-
werten und sehr unterhaltsamen Interviews gibt es jetzt
dankenswerterweise als Buch.« *Süddeutsche Zeitung*

www.kiwi-verlag.de

Stefan Schultz. »Wer lacht, hat noch Reserven«. Die schönsten
Chef-Weisheiten. KiWi 1263. Verfügbar auch als Book

Merkwürdige Motivationstechniken, seltsame Sprachbilder, weltfremde Weisheiten: Die Chefetagen vieler Firmen werden von Motivationsrambos und Code-Meistern bevölkert. Tausende von Angestellten haben ihre Perlen der Chef-Weisheiten an SPIEGEL ONLINE geschickt. Und mehr als 10 Millionen Leser haben die Rubrik binnen kürzester Zeit aufgerufen. Dieses Buch versammelt die skurrilsten, lustigsten und besten Chef-Sprüche der Nation.

www.kiwi-verlag.de

Ranga Yogeshwar. Sonst noch Fragen? Warum Frauen kalte
Füße haben und andere Rätsel des Alltags. KiWi 1103
Verfügbar auch als ꓑBook

Warum funkeln Sterne? Wieso bekommt man Gänsehaut?
Was passiert beim Niesen? In diesem Buch beantwortet
Ranga Yogeshwar 108 spannende und unterhaltsame Fra-
gen aus allen Bereichen unseres Lebens.

»Täglich machen wir Beobachtungen und fragen nach
den Ursachen. Ranga Yogeshwar gibt verständliche Erklärungen.« *Peter Grünberg, Physik-Nobelpreisträger 2007*

www.kiwi-verlag.de

Ranga Yogeshwar. Ach so! Warum der Apfel vom Baum fällt
und weitere Rätsel des Alltags. KiWi 1188
Verfügbar auch als eBook

Mitten in der Nacht fragen wir uns, ob wir so schlecht
schlafen, weil gerade Vollmond ist, am Morgen, beim Blick
in den Spiegel, woher die grauen Haare kommen, und mit-
tags, warum der Knödel sich im Topf dreht. Ausgehend
von ganz einfachen Fragen erklärt Ranga Yogeshwar auf
gewohnt unterhaltsame und verständliche Weise Rätsel
des Alltags – und schreckt dabei auch vor Selbstversuchen
nicht zurück!

www.kiwi-verlag.de